U0597213

妈妈的
心灵课

[英]温尼科特◎著

张积模　江美娜◎译

天津出版传媒集团

天津人民出版社

只 为 优 质 阅 读

好
读
———
Goodreads

读者好评

- 在向公众展示儿童和父母的世界方面，几乎没有哪位专家比 D. W. 温尼科特付出的努力更多。在这部儿童发展的经典著作中，温尼科特探讨了独生子女、偷窃、说谎、害羞、学校里的性教育以及攻击性行为的根源等问题。温尼科特的风格清晰，态度友好，他多年的经验为孩子的行为和父母的态度提供了很多明智的见解。

  ——《英国心理学杂志》

- 《妈妈的心灵课》的最大优势是它并没有给出具体的抚养建议和临床术语。这本书对专业人士以及准父母群体和健康婴儿诊所工作的准专业人士来说都是十分有用的。

  ——《美国公共卫生杂志》

- 这本书是写给母亲的，而不是写给专业人士的，这再次反映了温尼科特对母亲角色的重要性及其价值的敏感性的认识。与眼下流行的趋势不同，他赞扬母亲自身的能力，并试图鼓励她们，而不是贬低她们、打击她们。作为一名母亲和执业心理治疗师，我把这本书放在心里，并希望所有人都去读一读。

—— 英国心理治疗师　埃莉诺·弗格森

● 这本书绝对是超越时空的，是所有"育儿须知"书籍的解药，它告诉妈妈们要相信自己的直觉。

—— 英国亚马逊网站读者　J. D. 巴克博士

● 智慧的话语，是当今压力重重的育儿世界里的一道亮光。这本伟大的书里充满了智慧的话语，对于像我这样丈夫在外服役、20岁刚出头的孤单母亲来说，真的是无价之宝。当今育儿，实属不易。强烈推荐。

—— 英国亚马逊网站读者、年轻的妈妈　露丝·玛丽

● 这是我读过的最受启发的好书之一，也应该是所有儿童工作者的必读书！温尼科特很可能是继弗洛伊德之后对精神分析做出最大贡献的人。

—— 美国"好读网"读者、著名演员　迪米特里斯·泽利奥斯

● 非常棒！这是一本必读书，非常全面，很有启发性。现在，我要去看本书作者其他的著作了。

——加拿大亚马逊网站读者　乔·麦伦

- 本书中的许多章节源自温尼科特为BBC（英国广播公司）制作的广播节目，他是通过声音与母亲直接交流的。看得出来，他对儿童发展的各个阶段都进行了认真细致的观察，书中的观点则十分清晰，通俗易懂。也许，最重要的是，他强调婴儿是作为个体来到这个世界的。他已经为成长发育做好了准备，唯一需要的是一个"足够好的"爱的环境。这里没有对母亲的拷问和吊打。这将是你送给新晋父母的一份极好的礼物。

  —— 亚马逊网站"心理学读者"

- 任何想了解儿童如何体验世界、如何成为其中一员的人都可以通过这本书来了解他的思想。他的语气很富有同情心，据此可以判断，他一定是一位很棒的治疗师和一个了不起的人。他的想法通俗易懂。读他的作品，你会觉得，他是在和你说话，他把你当成了一个朋友、一个有思想的人。

  —— 亚马逊网站读者　贝特

　　本书的大部分内容都是基于我在英国广播公司（BBC）不同时期播出的谈话。在此，我谨向制作人伊莎·本泽小姐表示感谢。我还要感谢珍妮特·哈登伯格博士，是她在本书首次出版时帮我将讲话稿整理成适合阅读的文稿。

　　　　　　　　　　　　　D. W. 温尼科特

引　言

我认为，有必要为本书写个引言。本书涉及妈妈与宝宝、父母与孩子、学校里的孩子以及大千世界里的孩子等四方面的内容。可以说，我所使用的语言随着孩子的成长而有所变化。孩子的成长经历了幼儿时期的亲密关系到长大以后的疏离关系，希望我的语言能很好地契合这一变化。

虽然最初几章都是写给妈妈的贴心话，然而，我的意思并不是说，年轻妈妈必须要读育儿经才行。我的意思是说，妈妈对自身的状态非常敏感。她需要保护，需要信息，需要医学提供最好的身体养护；她需要有自己熟悉且信得过的医生和护士；她还需要丈夫的挚爱以及满意的夫妻生活。但是，她不一定需要有人提前告诉她当妈妈是什么滋味。

我的一个主要看法是，对孩子来说，最好的养育方式莫过于母亲与生俱来的独立性格，而与生俱来的东西和后天学来的东西是不一样的。我试图将二者分开，这样，与生俱来的东西就不会被糟蹋了。

我想，应该有个地方，可以直接和父母对话，因为他们都想知道襁褓中的婴儿究竟是怎么回事。这样，会更接地气，比写一大堆抽象的育儿经更有意义。

　　人们都想知道生命之初是个什么样子，我想也应该知道。可以说，如果孩子长大了，成了父母，还不知道父母在自己小时候究竟为我们做了什么，那只能说明整个社会缺失了一些什么。

　　不过，我的意思并不是说孩子应该感激父母的孕育之恩，感谢他们在家庭建设和家务处理方面的密切配合。我所关心的是妈妈和宝宝在宝宝出生之前以及出生之后头几个星期和头几个月里的关系。我希望大家注意的是，一个平凡的好妈妈在丈夫的帮助下，在宝宝的生命之初为个人和社会所做出的贡献，而这一切纯粹是出于她对宝宝的爱。

　　妈妈的贡献太大了，正因如此，才没有得到人们充分的认识。如果妈妈的贡献得到认可，那就意味着，每一个心智健全的人，每一个看重这个世界、觉得自己是这个世界一员的人，每一个幸福快乐的人都欠母亲一份天大的恩情。在生命之初，当我们对"依赖"二字还毫无概念时，就每时每刻都离不开母亲了。

　　我想再强调一遍，认可母亲的重要作用不是为了感激或者赞扬，而是为了减轻我们内心的恐惧感。如果社会价值在这件事上耽搁了，让我们没有及时充分地认可婴儿早期对母亲的依赖需要，那么，我们就不可能有一个自在圆满的健康心态，而这一切的根源就是恐惧。如果不能真正承认母亲的作用，那么，我们心中对依赖会有一种淡淡的恐惧感。这种恐惧感有时会表现为害怕所有女人或者某个女人，有时还会以一种非常模糊的形式表现出来。无论哪种形式，都是对支配的恐惧。

不幸的是，对支配的恐惧并不能让我们免于被人支配的结果。相反，它会把我们引向某种特定的或选择性的支配形式。实际上，如果我们研究一下独裁者的心理，就会发现，除了其他因素，他在个人奋斗的过程中一直在试图控制某个在他无意识中总是处于支配地位的女人，他会通过迁就她、为她代劳来控制她，从而达到完全征服她、得到她的目的。

许多社会历史学家都认为，人类群体中有很多貌似荒谬的行为，究其原因，就是对女性的恐惧。尽管如此，很少有人对此刨根问底。追溯每个人的成长史，就会发现，害怕女人说到底就是害怕承认生命初期对母亲依赖的事实。因此，深入研究母婴早期关系有着重要的社会意义。

当今，母亲在生命早期的重要性常常遭到否定。相反，人们常说，在最初的几个月里，只是简单的身体护理，这种事情连保姆都能干好。我们甚至发现，有人要求妈妈（但愿这种事情不要发生在我们国家）好好养育自己的子女，这简直就是对抚育子女是母亲的天性这一事实的最极端否定。

政府部门对清洁的倡导、对卫生的要求、对健康的渴望，这一切都一再介入妈妈和宝宝的关系之中，而妈妈们又不太可能联合起来为所受的干扰提出抗议。我写这本书，目的就是要为刚刚生下第一个宝宝或第二个宝宝、连自己都未摆脱依赖的年轻妈妈代言。我希望为依赖天性的年轻妈妈提供支持。同时，我也要向那些婴儿父母或替代父母提供技能和照顾的人表示敬意。

目 录

第一部分　　妈妈和宝宝

第二部分　孩子与家庭

第三部分　孩子与大千世界

妈妈和宝宝

第一章　男人眼中的母亲

首先，请松口气。我不会在这里告诉你该做什么、不该做什么。我是一个男人，永远不可能知道当时躺在襁褓中的我是什么样的感受。一个小小的生命，被裹在婴儿床里；一个独立的生命，却又时时依赖他人。之后，渐渐长大成人。只有女人才能真切地体会到这一点。也许，只有女人才能在大脑里想象这一切。由于这样或那样的不幸，有的女人可能无法亲自体验，所以，只能靠想象了。

既然我不打算在这里教育大家，那么，我又能为你们做些什么呢？平时，妈妈们常常带宝宝来见我。每当这时，我们就一起谈谈眼前的事情。宝宝会在妈妈的膝盖上跳来跳去，会伸手抓我办公桌上的东西，还会溜到地上爬来爬去；有时，宝宝还会爬上椅子，或者把书橱里的书一本一本地掏出来；有时，宝宝会紧紧抓着妈妈不放，害怕眼前那个穿白大褂的医生。白大褂肯定是个怪物，会把好孩子吃掉。如果是淘气的孩子，后果则不堪设想。大一点儿的孩子会在旁边的桌子上画画。这时，我和他的妈妈就会设法追溯他的个人成长史，看看问题究竟出在哪里。孩子会一边画画，一边竖起耳朵听着，以确认我们对他没有恶意。同时，他还会在我偶尔看一眼他的作品时一言不发，用图画与我交流。

这一切说来容易。可是，当我只能凭想象和经验来虚构一个婴儿时，这一切又变得多么困难！

你一定也遇到过同样的困难。假如我不能与你交流，而你却有一个几周大的婴儿，不知道如何与他沟通。此时，你会有什么样的感受？如果你正在思考这个问题，不妨回忆一下，你的宝宝是在多大的时候注意到了你的存在，又是什么让你在那个激动人心的时刻觉得你们两个人在互相交流。你不需要在房间里的任何地方做任何事情。对了，你们使用的是什么语言进行交流？不，不需要语言。你发现自己忙着照顾宝宝的身体，你喜欢这样。你知道如何把宝宝抱起来，如何把他放下，如何离开他，让他自己在婴儿床里玩儿。你知道如何给宝宝穿衣服才能让他感到既舒服又保暖。事实上，你是小时候在玩洋娃娃时学会的。此外，你还会在一些特殊的时刻为宝宝做一些特别的事情，比如喂奶、洗澡、换尿布、拥抱等。有时，宝宝的尿液会顺着你的围裙流下来，或者浸湿你的衣服，你根本不管，仿佛是你让它流下来的一样。事实上，正是这些事情让你意识到你是一个女人，一个普普通通充满爱心的妈妈。

我说这些，是想让你知道，我这个男人虽然远离了真实的生活，远离了哭号声、尿骚味和照顾孩子的责任，但是，我确实知道，作为孩子的妈妈，你是真真切切地感受到了这一切，是无论如何也不愿意错失我的研究成果的。如果说此时我们可以彼此理解的话，也许，你愿意听一听一个充满爱心的普通妈妈是如何照料新生儿的早期生活的。我无法确切地告诉你应该如何去做，但是，我可以谈一谈这一切背后的含义。

你做的事情看似普通，实际上，非常重要。其美妙之处在于，你根本不需要多么聪明，甚至根本不用去想到底要不要做。上学的时候，也许，你对数学一窍不通；也许，所有的朋友都拿到了奖学金，而你却一看到历史书就头疼，最终，由于成绩不佳，只能辍学；也许，当时你要是没出麻疹的话，那次考试就不会考砸了；也许，你其实非常聪明。然而，这一切都不重要，与你能否成为一个好妈妈更没有一丁点儿关系。正如所有的孩子都会玩洋娃娃一样，你也会成为一名平凡而伟大的母亲，而且，我相信你在大部分时间里都是这样做的。这么重要的事情竟然不需要非凡的智慧，你一定觉得很奇怪吧！

如果婴儿最终要成长为健康独立、有社会意识的成年人，那么，他绝对需要有一个良好的开端，而这个良好的开端从本质上讲是由妈妈和宝宝之间的情感纽带所维系的，这种纽带叫作"爱"。所以，如果你爱自己的宝宝，他已经有了一个良好的开端。

不过，这里我要澄清一下，我说的"爱"可不是什么多愁善感。众所周知，有一种人喜欢到处嚷嚷："我就是喜欢小宝宝！"你可能会纳闷，她们真的喜欢宝宝吗？母爱是天然的。母爱中既有占有欲，又有饥饿欲，甚至还有"讨厌"的成分；同时，母爱中还包含着慷慨、力量和谦逊。但是，多愁善感绝对不在其中，妈妈们对此也是深恶痛绝。

好吧，你可能是一个平凡而尽职的妈妈，而且，你心甘情愿地做这样一个妈妈，从来不去思考为什么。艺术家就是这样的人，他们喜欢艺术，却讨厌思考艺术，讨厌思考艺术的目的。作为妈妈，也许，你也不愿意把这个事情想得太透。所以，我得提醒各位，本书要谈的正是一个充满爱心的妈妈自然而然所做的事情。不过，也有一些人愿意反思一下自己在做的事情。也许，你们中的一些人已经完成了育儿任务，孩子已经上学了。你可能想回顾一下那些美好的经历，思考一下你是如何为孩子的成长打下基础的。如果你的一切都是凭直觉去做的，那大概就是最好的方式了。

照顾婴儿的人究竟扮演着什么样的角色？弄清这一点至关重要。只有这样，才能保护年轻的妈妈免受干扰。否则，一定会影响她和孩子之间的关系。如果妈妈不知道自己其实已经做得很好了，那么，她就很难坚持自己的立场。相反，她会很容易照着别人说的去做，模仿妈妈的做法，或者按育儿书上说的去做。这样，反而会把事情搞砸。

爸爸的参与也很重要，一方面是因为他可以在一定时间内扮演妈妈的角色，另一方面是因为他还能够保护妈妈和宝宝不受外界干扰，而保护母婴之间的纽带关系正是育儿的精髓所在。

在接下来的章节里，我会特意描述一下一个平凡而尽责的母亲是如何把自己奉献给育儿事业的。

不过，就新生儿而言，还有很多东西需要了解。也许，只有妈妈们才能真正解答我们的疑惑。

第二章 认识你的宝宝

女人怀孕后，生活会发生很大变化。怀孕前，她可能是个兴趣广泛的人。也许，她会涉足商界或政界；也许，她会热衷于网球，或者经常参加舞会、聚会等。那时，她可能还瞧不起在家带小孩的女性朋友，觉得她们的生活很受拘束，甚至认为她们的生活呆板乏味。她也可能对洗尿布、晒尿布这样的事情嗤之以鼻。即便她对孩子很感兴趣，那也不过是一时感情用事罢了，并没有什么实际意义。可就是这样的女人迟早也会怀孕。

起初，她可能对此心生不满，因为她非常清楚怀孕对她"自己的"生活将带来多么可怕的影响。应该说，她的想法是正确的，没有人会糊涂到否认这个事实。小宝宝本来就是个大麻烦，除非你真的想要孩子，否则，他绝对是个讨厌的家伙。所以，要是一个年轻女人无意间怀孕了，一定会觉得自己很倒霉。

然而，经验表明，随着身体的变化，怀孕女子的情绪也会发生变化。也许可以说，她的兴趣范围也在缩小。或者更确切地说，她的兴趣从外部转向了内部。慢慢地，她会相信，世界的中心就在她自己的体内。

也许，有些读者刚好处在这一阶段，开始为自己感到骄傲，开始觉得自己是一个值得尊重的人，而且，身边的人理应为自己让道。

当你确定自己快要做妈妈了，就会像俗话说的那样，开始"孤注一掷"了。你会把心思全放在一个人身上，也就是放在即将出生的小宝宝身上。小宝宝将成为你真正意义上的心肝宝贝儿，而你也将成为他的全部世界。

要想成为妈妈，需要经历很多磨难。我想，正是这些磨难才让你看清了育儿的基本原则。而我们这些没机会做妈妈的人则要耗费多年的研究才能理解你在日常经历中所积累的心得。不过，你也很可能需要我们这些研究妈妈的专业人员的支持，因为总有一些有关育儿的迷信说法——有些可能还是现代的版本——会让你怀疑自己的真实感受。

让我们想一想，哪件事情是心智健康的妈妈认为对宝宝来说最为重要而对旁观者来说最容易忽视的？我认为，最重要的是把宝宝当成一个人来看待，而且越早越好。没有哪个给妈妈做咨询的人能比妈妈自己更清楚这一点。

即使是在子宫里，你的宝宝也已经是一个独一无二的人了。等出生时，他已经拥有了各种各样的体验。当然，我们很容易从新生儿的面孔上读出一些根本不存在的东西，尽管小宝宝有时看起来很聪明，或者很有哲人的味道。不过，如果我是你，我可不会等心理学家来鉴定胎儿有几分像人。相反，我会直接去了解这个小家伙，并让他顺便认识一下自己。

宝宝还在子宫里时，你已经可以通过他在里边的动静去判断他的一些特征了。比如，胎儿非常好动，你可能会好奇"男婴比女婴好动"的说法到底有几分是真的。无论如何，只要出现胎动，你都会为这种生命与活力的迹象感到欣喜。在这段时间里，我想宝宝对你也已经有了相当的了解。他会分享你的美食。要是你早上喝了一杯热茶，或者急着去赶公交车，他的血液流动也会加快。在某种程度上来说，你什么时候焦虑、什么时候兴奋或者什么时候愤怒，他都一清二楚。如果你一直焦躁不安，那么，他就会对运动非常习惯。所以，日后，他可能会让你把他放在膝盖上摇来摇去，或者放在摇篮里晃来晃去。相反，如果你一直很安静，那么，出于习惯，日后，他会静静地待在你的腿上，或者静静地躺在婴儿车里。从某种程度上来说，在宝宝出生之前，在你听到他的第一声啼哭之前，在你身体恢复到能够照看他、把他抱入怀里之前，他对你的了解要比你对他的了解多得多。

分娩后，婴儿和母亲的状况有很大的不同。也许，就你而言，你和婴儿要想享受彼此的陪伴，至少需要两三天的时间。但是，如果你身体恢复很快，完全有理由马上去了解对方。我认识一个年轻的妈妈，她和她的头胎男孩很早就开始接触。从宝宝出生之日起，每一次喂奶后，细心体贴的护理人员都会把宝宝放进妈妈床边的摇篮里。宝宝会躺在安静的房间里，睁着眼睛。这时，妈妈会向孩子伸出手来。宝宝不到一周大就已经能抓住妈妈的手指，并能朝妈妈的方向看了。如果这种亲密关系能够持续不断地发展下去，那么，我认为，这将为孩子的人格养成和情感发展打下坚实的基础。同时，也有益于孩子日后抗打击能力的培养。

你与宝宝早期接触中最重要的时刻就是他进食的时间，也就是他兴奋的时候。此时此刻，你可能也很兴奋，而且，你的乳房开始有了感觉，这表明它的功能正被有效唤起，现在可以喂奶了。如果宝宝一开始就能接受你和你的兴奋状态，那么，他就能专心满足自己的欲望和冲动，而这对宝宝来说是十分幸运的。因为，在我看来，当兴奋到来时，会发现婴儿与之俱来的情感变化，这一点的确令人吃惊。你是否也曾经这样看待这件事呢？

从这一点可以看到，你必须了解宝宝的两种状态：一种是他得到满足后的平静状态，一种是兴奋状态。一开始，宝宝在平静的时候会花大量时间来睡觉，但也不会一直睡下去。宝宝处在清醒而安静的时刻非常宝贵。我知道，有些宝宝很难满足。他们会不停地哭泣，心烦意乱，甚至在喂食后也难以入睡。在这种情况下，妈妈几乎无法和宝宝进行顺畅的沟通。但是，随着时间的推移，宝宝可能会稳定下来，也会有满足的时候。也许，洗澡时间就是你和宝宝开启亲子关系的机会。

你之所以要对宝宝的满足状态和兴奋状态有一定的了解，是因为宝宝需要你的帮助。除非你知道自己和宝宝处在哪种状态，否则，根本无法给予帮助。他需要你替他管理从熟睡或清醒的满足状态到贪婪状态这一可怕的转变。除了日常护理，这可以说是你作为妈妈的首要任务了。这需要大量的技巧，只有孩子的妈妈才能够真正掌握。当然，那些在孩子出生不久就将其收养的出色女人也可以做到。

举例来说，宝宝出生时脖子上并没有挂个闹钟，上面写着：每三小时喂一次奶。定时喂奶对妈妈或护理人员来说是很方便，然而，从宝宝的角度来说，定时喂奶不是最好的，应该是饿了就喂。但是，宝宝未必一开始就想要定时吃奶。实际上，我认为，宝宝希望得到一种想吃乳房就会出现、不想吃乳房就会消失的体验。有时，妈妈可能得在短期内先接受比较随意的、无规律的喂奶方式，然后才能换用让自己感到方便的、有规律的喂奶方式。无论如何，在你接触宝宝的过程中，最好要知道他到底想要什么，即使你不打算满足他的要求。而且，如果你对宝宝有了足够的了解，你会发现，只有当他兴奋的时候，才会蛮不讲理。在其他时候，他会非常乐于发现乳房或奶瓶后面还有个妈妈，妈妈身后还有个房间，房间外面还有个大千世界。尽管在喂奶过程中可以对宝宝进行很好的了解，但是，我想，在给他洗澡时，在给他换尿布时，或者在他自己躺在小床里的时候，妈妈都可以对宝宝有更多的了解。

如果有护理人员照顾你，我希望当我说到"只在喂奶时才把宝宝交给你，对你不好"时，她能理解我，不会觉得我在多管闲事。当你还没有完全恢复、无法亲自照料宝宝时，当然需要护理人员的帮助。但是，如果你看不见宝宝睡着的样子，或者看不见他醒来后躺在那里四处打量的样子，如果你仅仅是在喂奶时才能见到他，那么，你一定会觉得他怪怪的。此时的他一定是个惨然不乐的小儿，心里奔腾着一万只愤怒的狮子和咆哮的老虎。他一定会被自己的这种感觉吓得够呛。如果没有人给你解释，你可能也会大吃一惊。

另一方面，如果你通过观察到宝宝躺在你身边的样子、观察他在你怀中和胸前玩耍的样子对他有了一定的了解，那么，你就会发现他的兴奋是有度的，是爱的表达。同样，当他转过头去拒绝吃奶（就像谚语里说的"牛不饮水不能强按头"一样）时，当他在你怀里睡着了无法继续吃奶时，或者当他变得焦躁不安无法好好吃奶时，你也能知道究竟是怎么回事了。其实，他是被自己的强烈情感吓坏了。这时，只有耐心十足的妈妈才能伸出援手。你可以让他先玩一会儿，让他含着乳头，甚至可以让他抓着玩。任何能让他开心的事都可以让他尝试。等到他最后有了信心，就会再次吃奶。这对你来说并不容易，因为你也要为自己考虑。你的乳房要么太胀，要么太瘪，需要宝宝吸吮后才能再次充满。但是，如果你对此有所了解，就能克服困难，渡过难关，让宝宝在进食时与你建立良好的关系。

当然了，小宝宝也不傻。当你认为兴奋对他来说是一种体验，就像把我们扔进狮子洞里一样，他必须先确认你是一个可靠的喂奶人，然后才会把自己放心地托付给你。这一点也不奇怪。如果你让他失望了，那么，他的感觉恐怕与葬身兽腹没什么两样。给他一些时间，他会对你有所发现。最后，你们俩都会珍惜他对你乳房的贪婪的爱。

我认为，年轻妈妈与小宝宝尽早接触的重要一点在于可以让妈妈放心，让妈妈知道自己的孩子是正常的（暂且不论"正常"究竟是什么意思）。正如我前面所说的，就你而言，可能因为分娩太累了，无法在第一天就跟小宝宝密切接触。不过，这里，最好让妈妈知道，妈妈在宝宝出生后想马上跟他接触是再正常不过的事情了。这这不仅是因为妈妈渴望马上认识自己的孩子，还因为妈妈其实也曾有过对自己孩子的各种幻想，生怕生出一个不太完美的孩子。正因如此，这个问题就显得格外迫切。人类似乎很难相信自己足够优秀，能够在自己体内创造出优秀的事物。所以，我怀疑妈妈一开始并非真的完全相信自己的孩子。爸爸也和妈妈一样，担心自己无法生出健康正常的孩子。因此，第一时间接触宝宝是一件非常紧急的事情，因为孩子平安这个好消息会让父母双方如释重负。

此后，出于爱和自豪的原因，你会更加深入地了解自己的宝宝。而且，你还会仔细地研究他，以便给他提供所需的帮助。这种帮助只有从最了解他的人那里才能得到，换句话说，只有从你这个母亲这里才能得到。

　　这一切都意味着照顾新生儿是一件全天候的工作，而能把这项工作做好的只有一个人。

第三章 相信宝宝的潜能

到目前为止，我只是泛泛地描述了妈妈和宝宝的情况。我无意告诉妈妈们怎样去做，因为具体细节能很容易从福利中心那里得到。实际上，育儿细节随处可见，唾手可得，这有时反倒让妈妈们感到一头雾水，无所适从。相反，我倒是愿意写些别的东西，写给那些本来就很会照顾宝宝的妈妈。我想帮她们了解一下宝宝究竟是个什么样子，让她们看看眼下育儿研究的状况。我的意思是，妈妈们知道得越多，就越有能力相信自己的判断。当一个妈妈充分相信自己的判断时，她也就处在了最佳状态。

对妈妈来说，能够按照自己的方式抚养孩子无疑是至关重要的，这能让她充分认识到自身的母性特征。正如作家落笔时会惊讶于自己泉涌般的才思一样，妈妈在与宝宝分分秒秒的接触中也会惊喜地发现其中丰富的内涵。

事实上，有人会问：除了责任以外，妈妈还可以通过什么方式学做一个合格的母亲？如果她只是按照别人说的去做，那么，她就不得不一直坚持下去，照猫画虎。如果她想改进的话，就只能再向别的高手求助。但是，如果她可以按自己的方式行事，那么，她就会越做越好。

而这正是爸爸可以帮忙的地方，他能为妈妈提供一个可以自由发挥的空间。在丈夫的适当保护下，妈妈就能把双手解放出来，在她想"内卷"的时候，不必"外翻"。换言之，她无须分心去处理外部事物，只需把全部心思都放在自己臂弯里的小小世界即可，而处在这个小小世界中心的就是自己的宝宝。母亲自然而然地关注一个婴儿的时间不会太长。母亲与婴儿之间的纽带在开始时非常强大。因此，我们必须尽一切努力确保妈妈能在这个自然的时段内专心照顾小宝宝。

巧在这种经历不仅对妈妈有益，对宝宝来说无疑也是一样的。时至今日，我们才开始认识到新生儿是多么需要母爱。成年人的健康靠的是童年时期的积累，而人类健康的基础是由妈妈在婴儿最初几周和几个月的时间里奠定的。也许，在你正因对外部世界失去兴趣而感到奇怪时，这种想法对你会有所帮助，因为你正在为未来社会一员的健康打下坚实的基础，而这项工作是绝对值得的。奇怪的是，人们普遍以为，孩子越多，照顾起来就越困难。实际上，我确信，孩子越少，情感压力就越大。而专心照顾一个孩子压力最大，好在这项任务只会持续一段时间。

所以，你现在是孤注一掷了。你打算怎么办？好吧，那就好好享受吧！享受别人对你的重视；享受让别人照料世界的事实，你只需专心创造一个新的成员就好；享受与自己恋爱、与宝宝恋爱的过程；享受你丈夫为了你和宝宝的幸福尽职尽责的方式；享受自我发现的乐趣；享受你拥有从未有过的权利去做自己喜欢的事情；享受宝宝哭号阻止你喂奶时的感受；享受各种各样只有女人才能体会到的感觉。尤其是，我知道，你会享受"宝宝越来越有人样且渐渐把你当成年人看"的那种感觉。

为了你自己，好好享受吧。但是，从婴儿的角度来看，你若能从婴儿护理的烦琐中获得乐趣，那才是最为重要的。宝宝喜欢让爱他的母亲给自己喂奶，而不想让毫不相干的人在"正确的时间"以"正确的方式"给自己喂奶。在婴儿眼里，柔软舒适的衣物、温度适中的洗澡水都是理所当然的。然而，母亲在为宝宝更衣和洗澡过程中所获得的乐趣却不能视为理所当然。假如你能享受这一切，那种感觉就好像太阳是专门为宝宝升起的一样。母亲必须是快乐的，否则，整个过程必定是机械死板的无用功。

这种自然而然的享受当然会受到妈妈烦恼的干扰，而烦恼在很大程度上源于无知。这很像分娩前的放松方法。分娩前，你可能已经读过相关的书籍。这些书的作者各尽其能把怀孕和分娩过程中会发生的事情解释得明明白白，所以，妈妈们尽管放松，也就是说，不要再为未知的事物担忧，静静地等待自然分娩好了。分娩时的痛苦有很大一部分并不属于分娩本身，而是由于恐惧，这是因为对未知事物的恐惧必然会让你感到紧张。了解了这一切之后，如果分娩时身边正好有一名好医生和一名好护士，那么，你完全可以承受这不可避免的痛苦。

同样，孩子出生后，妈妈是否能从育儿的过程中得到乐趣，完全取决于她是否因为无知和恐惧而感到紧张和担忧。

因此，在本书中，我想给妈妈们提供更多的信息，让她们对宝宝有个更深入的了解。之后，妈妈们就会发现，宝宝需要的恰恰是一个自然、放松、乐在其中的妈妈。

后面，我还将谈谈宝宝的身体及其内在变化、宝宝的成长过程，以及如何一点一点把世界介绍给宝宝，以免宝宝摸不着头脑。

现在，我想澄清一件事情。那就是，宝宝的成长发育并不依赖于你。每一个宝宝都有着无限的潜能，其体内生命的火花促使他们不断成长。成长和发展是与生俱来的，其中的奥妙"我们无须理解"。比如，你把一个球茎放进窗台花坛里，你没有必要看着它，让它长成水仙花。只要有肥沃的土壤、适量的水分和充足的阳光，球茎内的生命就能自己发育。当然啦，照顾婴儿比照顾水仙花的球茎要复杂得多。不过，刚才的例子已经说明了我的观点，即不管是水仙花球茎还是婴儿，他们内部都在发生着一些变化，而这是你无法掌控的。从你受孕的那一刻起，宝宝就成了你体内暂时逗留的客人。等他出生以后，又成了你臂弯里的寄宿者。不过，这一切都是暂时的，不会永远持续下去。用不了多久，孩子就要上学了。就在此时，这位矮小虚弱的寄宿者非常需要妈妈爱的眷顾。然而，这并不能改变这样一个事实，即生命及其成长是与生俱来的。

我想知道，听到有人这么说以后，妈妈们会不会感到一丝宽慰？我认识一些妈妈，她们觉得自己要为宝宝的活力负责，因此，根本无法享受做母亲的乐趣。如果宝宝睡着了，她就会走到小床旁边，希望他醒来，从而表现出活泼的迹象。如果宝宝闷闷不乐，她就会赶紧逗弄他，戳他的脸，试图让他露出笑容。可是，这对宝宝来说当然毫无意义。挤出来的笑也不过是机械反应罢了。这类妈妈常常把宝宝放在膝盖上晃来晃去，试图让宝宝咯咯发笑，或者做一些别的事情，目的是告诉自己，孩子活得好好的。其实，这些都只是妈妈在反复确认宝宝一直是活着的。

有些父母甚至在宝宝刚出生不久就不让他平躺着。结果，孩子会失去很多东西，甚至包括活下去的念头。在我看来，如果我告诉你生命是一个自然生长的过程，而且无法阻挡，你可能会更好地享受育儿这件事情。归根结底，生命与其说是依靠活下来的意愿，倒不如说是依靠呼吸这个事实。

你们中的许多人很有艺术天赋。有的擅长绘画，有的喜欢陶艺，有的会织毛衣、会做衣服。当你在做这些事情的时候，得到的结果就是你的作品。可是，宝宝则不一样。宝宝会自己长大。作为妈妈，你要做的就是为宝宝提供合适的环境。

有些人似乎认为孩子是陶工手中的黏土。于是，他们开始塑造婴儿，并对最终的结果负责。这真是大错特错！如果你也是这么想的，那么，你就会被一些本不属于你的责任压得喘不过气来。如果你相信宝宝自身的潜能，那么，你在享受着满足他要求的同时，也会从观察他成长的过程中获得无限乐趣。

第四章　婴儿喂养

从21世纪初开始，医生和生理学家针对婴儿喂养做了大量的研究工作，并撰写了许许多多的著作和不计其数的论文，一点一点丰富着人们对这个领域的知识。其结果是，如今，人们可以清楚地区分两大概念：一是物理、生化或物质方面的，二是心理方面的。就前者而言，没有人能够在缺乏深厚科学功底的前提下仅凭直觉就弄明白。就后者而言，人们总是可以通过自身的感受和简单的观察就加以了解。

婴儿喂养，归根结底，是一个母婴关系问题，是两个人之间爱的具体表现。尽管妈妈们认为这是真的，但是，在科学为我们扫清物理方面的障碍之前，这一观点很难为人们所接受。无论在人类历史的哪个阶段，一个健康的生母一定会很容易将婴儿喂养视为她和宝宝之间的事情。但是，与此同时，有的宝宝因腹泻和呕吐夭折了。妈妈并不知道是细菌所致，反倒认为是自己的奶水害了孩子。婴儿生病或者死亡让妈妈对自己失去了信心，转而去寻求权威的建议。在很多情况下，身体疾病使问题变得更为复杂，这都是妈妈们看在眼里的事情。事实上，正是因为在健康和疾病知识方面取得了长足进步，人们才能够重新回到主题——情感状况，即妈妈和宝宝之间的纽带关系。婴儿喂养要想顺利进行，母婴关系必须得到满意的发展。

如今，医生对佝偻病有了足够的了解，完全可以预防婴儿发病；他们也很清楚感染的危险，所以，能及时采取措施防止婴儿在出生时因淋球菌感染而导致失明；他们还明白受感染的奶牛可能会产出带结核病菌的牛奶，所以，会想方设法阻止过去常见且致命的结核性脑膜炎的发生；他们对坏血病更是有了充足的认识，因而，可以将其根除。如此一来，对我们这些主要关心婴儿情感的人来说，尽量准确地陈述每个母亲所面临的心理问题则变得十分迫切，尽管高超的医术的确能根治儿童的身体疾病。

毫无疑问，我们还无法准确描述每个新生儿母亲所遇到的心理问题。但是，我们可以尝试一下，也希望妈妈们可以参与进来，修正我的错误，补充遗漏的内容。

我打算就此碰碰运气。假设有一个普通而健康的妈妈，生活在一个与丈夫共同营造的普通而和睦的家庭中，假设宝宝适时而至，身体健康，那么，事情就非常简单了。可以说，在这种情况下，婴儿喂养仅仅是母婴关系的一部分，当然是比较重要的一部分。母婴二人早已做好准备，通过强大的爱的纽带彼此联系起来，而且，在承担巨大的情感风险之前做到相互了解。一旦双方达成共识（这个过程可能会一拍即合，也可能会经过一番磨合），他们就会相互信赖，相互理解。如此一来，哺乳就变成自然而然的事情了。

换句话说，如果母婴关系已经开启，且进展顺利，那么，妈妈就不需要太多的哺乳技巧，也无须频频为婴儿称重或检查了。他们二人比任何外人都清楚具体应该怎么去做。在这种情况下，婴儿会以适当的速度喝下适量的母乳，也知道什么时候该停下来。果真如此，连宝宝的消化和排泄也不必有专人照看了。鉴于母婴关系的自然发展，整个生理过程也完全正常了。甚至可以说，在这种情况下，妈妈可以从宝宝身上了解其他婴儿，宝宝也可以从妈妈身上了解母爱。

真正的问题在于，当母婴都从这种亲密的身心纽带中获得极大快乐时，总有人在旁边告诫说，绝对不能沉溺于这种快乐。真想不到，在哺乳这个领域里，居然还能看到现代清教徒的影子！试想一下，宝宝一出生就要和妈妈分开，直到他失去通过嗅觉找回妈妈的能力。试想一下，宝宝吃奶时被裹得严严实实的，没办法用手去触摸乳房或奶瓶，结果，在整个过程中，宝宝所能做到的要么是"肯定"，即"机械地吸吮"；要么是"否定"，即"扭过头去或直接睡着"。再想一下，要是宝宝在尚不清楚除了自己和自身的欲望以外还有一个外部世界的情况下被迫按时吃奶，那将是一种怎样的感受。

在自然状态下（我指的是在母婴都健康的情况下），哺乳的技巧、数量和时间都可以顺其自然。这意味着妈妈可以让宝宝在力所能及的范围内自己拿主意，因为什么时候喂奶、如何喂奶，以及喂多少奶完全都在妈妈的掌控之下。

可能有人以为，这样说有点儿轻率，因为很少有妈妈真正摆脱了个人困难，摆脱了忧虑，无须外界支持。此外，确有一些妈妈对宝宝疏于照顾，甚至残忍对待。然而，我认为，在弄清了这些基本事实之后，即使是一向离不开别人建议的妈妈也能从中受益。即使这样的妈妈想和二胎或三胎好好地进行早期接触，她也必须清楚自己养育第一个孩子时究竟想要什么，毕竟那时她一点儿也离不开别人的帮助。其实，她想要的是独立照顾自己的孩子，无须依赖别人的忠告。

我认为，自然喂养指的是婴儿想吃就给，不想吃了就不给。这是一个基本原则。这样，只有这样，宝宝才能开始和妈妈妥协。第一次妥协就是接受定期可靠的哺乳。比如说，每三小时喂一次奶。这对妈妈来说十分方便，对宝宝来说也会觉得自己的愿望得到了满足，前提是，宝宝养成了规律，每隔三小时就有了饥饿感。如果这个间隔对孩子来说太长了，就会感到很痛苦。要想恢复宝宝的信心，最快的办法就是暂时先按他的需要喂奶。等他能忍受更长间隔了，再回到合适的正常时间。

同样，这可能看起来有点儿疯狂。一个学会了教婴儿养成作息规律（如每三小时哺乳一次）的妈妈，一定会觉得，随意的喂养十分荒唐。正如前面所说，她很容易对哺乳带来的巨大快乐感到害怕，并且，她认为，她将因自那天起发生的任何错误受到亲戚和邻居的责备。问题主要在于，人们很容易被生孩子的责任压垮。因此，他们非常乐意接受规则、规定和清规戒律。这也许能让生活少些风险，但也着实缺失了些乐趣。然而，从某种程度上来说，造成这种局面的罪魁祸首是医疗和护理行业。就我们而言，必须尽快清除干扰母婴关系的有害因素。如果自然喂养因政府倡导成了人们追求的目标，那么，自然喂养本身也会变得有害。

有的理论认为，训练宝宝一定要趁早。事实上，在宝宝能够接受自己以外的世界之前，任何训练对他来说都是不合适的。要想让宝宝接受外部世界，妈妈首先要在一小段时间内顺从宝宝自然的欲望，这是最基本的。

你知道，我并不是说我们可以放心大胆地离开婴儿福利中心，让妈妈和宝宝自己去面对基本饮食、维生素摄入、疫苗接种以及洗尿布之类的问题。我想说的是，这恰恰是医护人员的责任，从而确保母婴关系之间的微妙机制不受任何因素的干扰。

当然，如果我的谈话对象是替别人照料婴儿的护理人员，对她们遇到的困难和失望的情绪，我应该有很多话说。我的已故好友、医学博士梅里尔·米德尔莫尔医生在她的著作《哺乳的母子》（哈米什·汉密尔顿医学文献出版社）中写道：

"护理人员的粗心大意有时是由于紧张引起的，这一点儿都不奇怪。她一次又一次地观察着母婴的哺乳过程，和他们一起经历着成功与失败。到头来，她的兴趣竟然变得和他们一样。于是，她很难再眼睁睁地看着妈妈笨手笨脚地给宝宝喂食，最终，她竟恨不得冲上去，因为她相信自己能喂得更好。此时，她的母性完全被激发出来了，非但不想去帮助妈妈，反而想和她一较高下。"

读到这里，有的妈妈也许觉得自己与孩子的最初接触失败了。但请不要太难过，其实，导致失败的因素很多。不过，日后也会有很多补救的方式。要想支持那些在婴儿喂养这一最重要的任务方面已经取得成功和正在取得成功的妈妈，就不得不冒犯另一些妈妈了。一位母亲，如果能够独自处理好母婴关系，就是为孩子、为自己、为整个社会做出了巨大贡献，这就是我要表达的观点。所以，对那些还在挣扎中的妈妈，只能说声抱歉了。

换句话说，孩子与爸爸妈妈的关系、与其他小朋友的关系，以及最终与整个社会的关系，其唯一真正的基础在于母婴之间第一次成功的喂养关系。这种关系纯属两个人之间的关系，没有固定的喂养规律，甚至也不必非得母乳喂养。总之，人世间任何复杂的东西都是从简单开始的。

第五章　食物都到哪里去了

当宝宝感觉到饥饿时，其体内的某种东西开始活跃起来，欲将整个人都"控制"起来。此时，妈妈准备喂养时发出的声音，对宝宝来说，是一个信号，表明时机已到，终于可以把对食物的渴求变成美好的现实了。你可以看到宝宝在流口水（小宝宝不会吞咽口水）。他们用流口水来告诉世界，他们对能用嘴巴咬住的东西都很感兴趣。这说明宝宝变得兴奋了，尤其是嘴巴变得兴奋了。他的小手也会乱抓，帮助嘴巴寻求满足。若是此时妈妈能及时喂奶，那正好可以满足他对食物的巨大渴望。宝宝的小嘴已经准备就绪，肉肉的嘴唇此时也变得非常敏感，有助于宝宝尽享口舌之欢，而这种愉悦感宝宝长大以后再也不会有了。

妈妈总是能积极适应宝宝的需求，她也愿意这样做。出于母爱，妈妈在照顾宝宝时总能及时做出微妙的调整。对此，外人或不以为然，或根本察觉不到。无论是母乳喂养还是人工喂养，宝宝的小嘴都会非常活跃，让奶水或奶粉水自动流进嘴里。

人们普遍认为，母乳喂养的婴儿和人工喂养的婴儿有所不同。母乳喂养的宝宝用嘴含住乳头，用牙龈咀嚼。这对妈妈来说可能非常痛苦，但是，通过挤压，乳头里的乳汁就流到了宝宝嘴里，被宝宝咽到肚里。然而，人工喂养的宝宝则不得不采用别的技巧，主要是吸吮，而这对母乳喂养的宝宝来说根本不算什么事情。

有些人工喂养的宝宝需要在奶嘴上开很大的一个孔，这样才能在他们学会吸吮之前轻松地将奶粉水喝下去。另一些宝宝则不然，要是孔开得太大，反而会呛着。

如果你在用奶瓶喂奶，就必须做好调整，因为人工喂养和母乳喂养是完全不同的。母乳喂养的妈妈会很轻松。当她感到血液流向乳房时，奶水自然就来了。要是用奶瓶喂奶，就必须保持头脑清醒，时不时地把奶瓶从宝宝嘴里拿出来，让瓶中进些空气。否则，瓶中会形成一个巨大的真空，阻止液体外流。妈妈还要将奶粉冷却到合适的温度，并将奶瓶贴到手臂上试一试。另外，还要在旁边放一小盆热水，必要时把奶瓶放进去，以免宝宝吃得太慢，奶粉水凉得太快。

接下来，我们看看奶水都去哪儿了。可以说，宝宝对奶水了如指掌，直到它流入胃里。奶水进入宝宝嘴里，给口腔带来一个明确的感觉和一种确切的味道，这无疑令宝宝非常满意。接着，奶水就被吞了下去。这在宝宝看来，几乎等同于失去了。在这方面，拳头和手指就要好得多，它们不会丢失，随时可以使用。当然，吞下去的食物并没有完全丢失，至少在胃里时是这样的。毕竟，食物还可以从胃里退回来嘛。婴儿似乎能够知道胃的状态。你可能知道，胃是一个小小的器官，像婴儿奶瓶在肋骨下方从左向右摇动着。胃是一个肌肉组织，构造复杂，具有做妈妈对婴儿所做事情的奇妙能力，那就是，它能及时调整自己来适应新的情况。除非受到兴奋、恐惧、焦虑等情绪的干扰，否则，它会自动完成调整，这一点和做妈妈一样。所有妈妈天生都是好妈妈，除非过度紧张和担忧。胃就像是体内的"迷你好妈妈"，当宝宝感到放松（成年人所说的自在）时，胃这个肌肉容器就能正常工作。也就是说，它在保持适当张力的同时，还能保持其形状和位置。

所以，奶水就在胃里，并在那里开始一系列消化过程。胃里总有一些液体，它们是消化液，而在胃的顶端则总有一些空气，这些空气对妈妈和宝宝来说有着特殊的作用。当宝宝吞下奶水后，胃里的液体就会增加。如果此时妈妈和宝宝都比较平静，那么，胃壁就会自行调整，变得松弛一些，胃也就变大了一些。不过，宝宝一般都有点儿兴奋，因此，胃需要一点儿时间来适应。胃部暂时增加的压力会让宝宝感到不舒服，而解决这个问题最快的办法就是让宝宝打嗝排气。正因如此，在给宝宝喂完奶，甚至在喂到一半的时候，妈妈就会发现，帮宝宝打嗝是个不错的主意。而且，要是能把宝宝竖着抱直，排气就会容易一些，不至于在打嗝的同时吐奶。所以，你能看到，许多妈妈把宝宝放到肩膀上，轻轻拍打后背，因为这能刺激胃部肌肉，让宝宝更容易把嗝打出来。

当然，在大多数情况下，宝宝的胃很快适应了喂食，也容易接受奶水，根本不需要打嗝。可是，如果婴儿的母亲自己处于紧张状态（有时候会这样），那么，宝宝也会紧张起来。这时，他的胃就需要更长的时间来适应增加的食物。如果妈妈对此有所了解，就能轻松应对排气问题。因此，当两次喂养之间出现很大差异，当两个宝宝在排气问题上有所不同，妈妈也不会感到困惑了。

要是妈妈不知道事情的来龙去脉，一定会感到手足无措。当邻居告诉你"喂完奶后一定记得让宝宝打嗝"时，不明真相的妈妈无法争辩，只好把宝宝放在肩头，用力拍打背部，非要把嗝给拍出来不可，这样做未免太教条了。如此一来，妈妈就把自己的（或邻居的）意愿强加给宝宝，妨碍了宝宝自然的排气过程。

这个小小的肌肉容器将奶水保留一段时间，直到消化过程的第一阶段发生。奶水首先发生的变化之一是凝固，这是自然消化过程的第一个阶段。实际上，乳酥的制作就是在模仿胃里发生的事情。所以，如果宝宝吐出一些奶块，请不要惊慌，因为消化本来就是如此，况且，宝宝通常也很容易生病。

在这期间，也就是说，在胃进行自然消化的过程中，如果宝宝能保持安静，那将是再好不过了。无论是喂奶后把宝宝放到婴儿床里，还是轻轻地抱着他走一会儿，完全取决于妈妈，因为世界上没有两个妈妈是一样的，也没有两个宝宝是一样的。最简单的做法是让宝宝静静地躺着，仿佛全神贯注于自己的内部世界。此时，宝宝内心会有一种很好的感觉，因为血液会流向身体活跃的器官，在宝宝的肚子里产生一种温暖的感觉。在消化过程的早期阶段，任何干扰、分神和兴奋都能轻易招致宝宝不满，导致宝宝哭泣和呕吐，或者在食物经历完整消化过程之前早早地从胃里流走。我想，现在你应该清楚，哺乳时不要有外人在场是多么重要。这不仅适用于喂奶的那段时间，实际上，完整的哺乳时间一直持续到食物从宝宝胃里离开的那一刻。这就好比一场隆重的活动正进行到关键环节，突然，一架飞机从头顶飞过，那可真是大煞风景！哺乳这个隆重的过程应该持续到宝宝进食之后的那段时间，直到食物被完全吸收为止。

如果一切顺利，那么，这段特别敏感的时间就要结束了。你开始听到咕噜咕噜的响声，这意味着，奶水在胃里的消化工作基本完成。接下来，胃会自动把一波又一波经过部分消化的奶水通过一个阀门喷入我们称之为肠道的地方。

此时，你不必过多地了解肠道里发生的事情。奶水的持续消化是一个非常复杂的过程，但是，消化过的奶水最终会被血液渐渐吸收，之后养分将被输送到身体的各个部位。有趣的是，奶水一旦离开胃部，就会被注入胆汁。胆汁是肝脏在适当的时候分泌出来的。正是出于胆汁的原因，肠道中的物质才有了特殊的颜色。如果你患过卡他性黄疸病，就会知道，当胆管发炎肿胀无法将胆汁从肝脏输送到肠道时，是有多可怕。发病时，胆汁没有进入肠道，而是进入血液，使你全身发黄。但是，当胆汁在合适的时候流向合适的地方，也就是从肝脏流入肠道时，宝宝就会感觉良好。

只要你查阅相关的生理学书籍，就能找到奶水在后续消化过程中发生的所有变化。但是，如果你是一位妈妈，其中的细节就没有那么重要了。重要的是，那阵咕噜咕噜的响声表明，孩子的敏感期已经到头了，食物已经真正进入体内了。从婴儿的角度来看，这个全新的阶段简直就是神秘莫测，因为生理学远在婴儿的理解能力之外。然而，我们知道，肠道中的食物会以各种方式被身体吸收，然后被输送到身体的各个部位，并且，最终通过血液循环被输送到一直在生长的组织的各个部分。宝宝体内的这些组织以惊人的速度生长着，需要定期反复喂养。

第六章　消化过程的终点

在上一章里，我们探讨了奶水被吞咽、消化和吸收的过程。奶水在宝宝的肠道里究竟发生了怎样的变化，这个与妈妈关系不大，对宝宝来说也是一个谜。然而，渐渐地，宝宝在最后阶段（排泄阶段）又重新参与进来。此时，妈妈也参与进来了。如果她知道这个阶段都发生了什么，就能最大限度地发挥自己的作用。

事实上，宝宝吃下去的食物并没有全部被身体吸收。即使是最好的母乳也会留下一些残渣，对肠道产生磨损，所以，必须彻底清除。

各种各样的残留物被慢慢传送到肠道下端叫作肛门的开口处，这是如何做到的呢？原来，残留物是被一波又一波肌肉收缩沿着肠道推送下去的。顺便说一下，食物在成年人身上需要经过20英尺（约6米）长的窄管；在宝宝体内，窄管也有12英尺（约3.6米）长。

曾经有一位妈妈跟我说："食物直接穿过了他的身体，大夫。"在这位妈妈看来，食物刚刚进入宝宝身体，就从另一端出来了。虽然看上去是这样，但事实并非如此。关键是，宝宝的肠道十分敏感，进食会引起肠道收缩，当收缩到达下端时，就会出现排便现象。肠道的最后那部分叫作直肠，通常是空的。如果肠道运送的东西很多，或者宝宝特别兴奋，又或者肠道发炎了，那么，收缩的频率就会增加。慢慢地，也只能是慢慢地，婴儿才能对排泄有一定的控制。接下来，我想谈谈这究竟是怎么回事。

首先，可以想象，由于大量的残留物等待排泄，直肠开始慢慢充盈。也许，对排便的实际刺激源自对上一次进食的消化过程。不过，无论如何，直肠迟早会被充满。当残留物还在肠道上端时，宝宝对此并不知晓，但是直肠的充盈会给宝宝带来一种十分明确、十分舒适的感觉，让他很想马上排便。一开始，不能指望宝宝把大便憋在直肠里。妈妈非常清楚，在婴儿护理的初期，换洗尿布是多么可怕的事情。如果宝宝一定要穿衣服，那么，就要及时换洗尿布。否则，残留的大便长时间与皮肤接触会引起疼痛。如果出于某种原因宝宝排便很快，且呈水样，此时，勤换勤洗尿布就变得尤为重要。仓促的培训并不是摆脱换洗尿布的办法，如果妈妈能继续把该做的做好，那么，一段时间之后，事情自然会有变化。

你看，如果宝宝在最后阶段把大便憋在直肠里，大便就会变干，这是因为大便里的水分在存留期间会被吸收。接着，大便就会以固体形态排泄出来，同时给宝宝带来快感。事实上，排便时的快感能让宝宝激动得哭泣。现在，你明白了放手让宝宝自然排便的好处了吧（不过，在宝宝还不能完全自理的情况下，你的帮助还是必要的）？你给宝宝提供了一切可能的机会，让他从经验中发现，先积攒粪便，然后将其排出，是一件很惬意的事情。换句话说，让宝宝自己去发现，这样做的结果十分有趣。事实上，如果一切顺利，排便可以是一种令人满意的体验。宝宝在这些事情上形成的健康态度为其日后接受各种训练打下了唯一良好的基础。

也许，有人曾经告诉过你，从一开始，就要经常在喂奶后把一把宝宝，目的是趁早对宝宝进行如厕训练。你应该明白，这样做的目的，是让自己免于换洗尿布的麻烦。这里面有很多名堂。不过，此时的宝宝还太小，远远没有达到接受训练的地步。然而，如果你不让宝宝在这些事情上有自己的发展，就阻碍了一个自然进程的开始，同时也会错过一些好事。如果你耐心一点儿，迟早就会发现，躺在小床里的宝宝会想办法让你知道他已经排便了。很快，你甚至会产生一种预感，知道宝宝什么时候要排便了。此时的你实际上是和宝宝开启了一段新的关系。虽然宝宝不能以普通成年人的方式与你交流，但是，他却找到了一种不用言语的沟通方式。他仿佛在说："我觉得我要大便了。你有兴趣吗？"而你（虽然不是真的说了出来）会回答："有啊。"你要让宝宝知道，你之所以感兴趣，既不是因为你怕他把事情搞得一团糟，也不是因为你觉得自己应该教他保持清洁。你之所以感兴趣，仅仅是因为你是妈妈，你爱他，而且，对他重要的事情，对你同样重要。所以，即便你晚到了一步，也不用介意，因为关键不在于让他保持干净，而在于响应人类一员的呼唤。

此后，你和宝宝在这方面的关系会变得更加丰富。有时，宝宝会对排便感到害怕；有时，宝宝又会觉得排便很有价值。由于你所做的事情都是基于简单的母爱，因此，很快你就能分辨出来，什么时候是在帮助宝宝处理不好的事情，什么时候又是在接受他给你的珍贵礼物。

还有一点很实用，值得一提。当宝宝排便完成后，你可能以为事情已经结束了。于是，你把宝宝重新裹好，接着去忙自己的事情了。但是，宝宝可能会出现新的不适，或者马上把干净的尿布又弄脏了。这极有可能是先前刚刚排空的直肠立刻又被填满了。如果你没有急事，不妨稍微等一会儿。随着下一波肠道收缩，宝宝很有可能会把余便排出。这种事情可能会一次又一次地发生。由于你没有急着离开，结果，让宝宝把肠子彻底排空了，这对于保持直肠的敏感性十分有利。几小时后，直肠又充满了。这时，宝宝就可以再次以自然的方式完成整个排泄过程。而那些一直匆匆忙忙的妈妈总也等不到宝宝把大便完全排出。结果是，残余的大便要么排出来后弄脏了尿布，要么留在直肠里，让直肠变得不再敏感，而这也在一定程度上妨碍了下一段体验的开启。如果妈妈能在相当长的时间内从从容容地照顾宝宝，自然能为他打下良好的基础，使其对自己的排泄功能产生一种"秩序感"。如果妈妈总是匆匆忙忙，不能让宝宝有一个完整的体验，那么，宝宝一开始便陷入混乱。那些起步顺利的宝宝能在日后配合妈妈的节奏，而且，会逐渐放弃部分便意带来的巨大快感。宝宝这样做的目的，不仅仅是为了顺应妈妈"尽量少制造麻烦"的愿望，还是出于等待妈妈的意愿。这样，他就能满足妈妈照看孩子的愿望了。一段时间以后，宝宝将对自己的排泄控制自如。当他想要支配妈妈时，就会把屎尿搞得一团糟；当他想要取悦妈妈时，就会暂时憋住，等待恰当的时机。

可以说，很多宝宝从来没有机会在排便这件重要的事情上找到自我。我认识一位妈妈，她几乎从来不让自己的宝宝自然排便。她有自己的一套理论，那就是，滞留在直肠中的大便会以某种方式毒害宝宝。这当然不是真的。对宝宝和小孩子来说，他们完全可以憋上几天而不会受到任何伤害。可是，这位妈妈却喜欢干预，总是用肥皂棒或灌肠剂帮宝宝排便，后果不堪设想。当然，她也根本不可能培育出既快快乐乐又热爱妈妈的孩子来。

这同样适用于另一种排泄形式，即排尿。

宝宝喝下去的水被吸收后进入血液，多余的水分由宝宝的肾脏排出，并与溶于其中的废物一起进入膀胱。宝宝起初对此事全然不知，直到膀胱开始充盈，然后产生排尿的冲动，才有感觉。一开始，排尿基本上是自动的。但是，渐渐地，宝宝发现，稍微憋一下会有回报。那就是，憋一下再尿，会产生快感。这一小小的福利丰富了宝宝的生活，让生命有了意义，也让身体值得安住。

随着时间的推移，宝宝的这一发现，即等待是有回报的，可以为妈妈所用，因为妈妈可以通过一些迹象得知可能将要发生什么，并且可以通过对此事的兴趣来丰富宝宝的体验。到时候，只要间隔时间不是太长，宝宝会愿意等待，为的是体验母婴亲密关系的全部。

现在，妈妈终于明白了，正如哺乳一样，在排泄这件事情上，宝宝同样需要妈妈的帮助。只有当妈妈觉得满足宝宝的点滴需求是值得的，才能让自身的兴奋体验变成母婴之间亲密关系的一部分。

当这种情况发生时，尤其是当这种情况持续一段时间以后，所谓的培训就可以毫不费力地跟进了，因为妈妈已经赢得了权力，可以提出不超出婴儿能力的要求了。

这个例子再次说明，健康的基础恰恰是在一个普通母亲对自己宝宝的普通关爱中奠定的。

第七章　喂养方式

我曾经说过，宝宝可能一开始就欣赏妈妈的活力。妈妈照顾宝宝时的那种愉悦之情很快就让宝宝知道，在所有的事情背后还有一个人存在。但是，最终让宝宝感受到妈妈存在的或许是妈妈设身处地去理解宝宝、懂得宝宝感受的特殊能力。书本上的任何东西都无法替代妈妈对宝宝需求的感知能力，而这种能力能使她对这些需求不时地做出准确的调整和适应。

为了说明这一点，我将对哺乳情形和两个宝宝加以观察对比。一个宝宝是在家中由妈妈喂养的，另一个宝宝是在机构里由护理人员喂养的。这个机构条件不错，不过，护理人员工作忙碌，无暇给予宝宝个别关注。

我想先谈谈护理机构里的宝宝。医院的护士和机构的护理人员，你们读到这里时，请务必原谅我用你们工作中最坏的情况（而不是最好的情况）来举例子。

护理机构里的宝宝正好赶上了喂食时间，但是，他根本不知道会发生什么。这个宝宝对奶瓶和人都还没有清晰的概念，但是，他开始准备相信一定会有什么能令人满足的东西出现。就在这时，护理人员找东西把小床里的宝宝微微撑起，然后，用枕头垫起奶瓶，靠近宝宝的嘴巴。之后，她把奶嘴塞进宝宝的嘴里，等了一会儿，然后，转身去照顾另一个正在哭号的宝宝。一开始，一切进展得还算顺利，饥饿的宝宝受到刺激后开始吸吮奶嘴，接着，奶水就来了，这种感觉很不错。但是，有个东西一直杵在嘴里，就对宝宝的生存构成了巨大威胁。宝宝开始哭号挣扎，结果，奶瓶掉了，宝宝松了口气。不过，好景不长，因为紧接着宝宝还想再来一次，可这一次奶瓶并没有出现，于是，宝宝又急得哇哇大哭。过了一会儿，护理人员回来了，重新把奶瓶放进宝宝嘴里。但是，这回却不一样了。尽管在我们看来奶瓶还是原来那个奶瓶，可是，在宝宝眼里，它却变成了一个坏东西，一个极其危险的坏东西。这个过程会反反复复，没完没了。

现在，让我们再看看另一个极端，也就是宝宝由妈妈亲自照顾这种情况。当我看到一位母亲从从容容地处理着同样情况时，往往感到惊讶不已。你瞧她，把宝宝服侍得舒舒服服。如果一切顺利，再把环境布置好，以便开始喂奶。环境本身是人类关系的一部分。如果是母乳喂养，我们还能看到，不管是多小的小宝宝，妈妈都会让他的小手自由活动。这样，当她露出乳房时，宝宝就能感受到皮肤的纹理和温度，以及乳房和自己之间的距离，因为宝宝只有一个小小的世界可以安放东西，而这个小小的世界就是他的嘴巴、双手和眼睛能够触及的范围。妈妈容许宝宝用小脸碰触自己的乳房。起初，宝宝都不清楚乳房是妈妈身体的一部分。如果宝宝的小脸碰到乳房，一开始他们还搞不明白那种美妙的感觉究竟是来自乳房，还是来自妈妈的脸。事实上，宝宝都会玩自己的小脸蛋，把脸当作乳房一样又抓又挠。这就是妈妈允许宝宝触摸自己的原因。毫无疑问，宝宝在这些方面的感觉是非常敏锐的。既然是敏锐的，可以肯定，也是非常重要的。

哺乳前，宝宝首先需要有我正在描述的所有的安静经历，而且，他也需要感到自己被一个活生生的人亲切地抱在怀里。在整个过程中，没有紧张焦虑，没有大惊小怪，这就是理想的环境。在这种环境中，妈妈的乳头和宝宝的小嘴迟早会发生某种接触。具体发生了什么并不要紧。重要的是，妈妈就在这个环境当中，是环境的一部分，而且，她特别喜欢自己与宝宝之间的亲密关系。至于宝宝的具体表现，妈妈并没有先入为主的想法。

乳头与小嘴的接触让宝宝想到：也许有什么东西在嘴巴外边，值得一试。接着，宝宝就会开始流口水。口水很多，宝宝忙不迭地吞咽着，一时竟忘记了奶水为何物。慢慢地，妈妈会让宝宝想象着她将给他提供的东西。于是，宝宝便开始含住乳头，用牙龈咬住其根部，开始吸吮。

过一会儿，宝宝停了下来。牙龈松开了乳头，他把头转向一边。此时，宝宝对于乳房的概念慢慢淡化了。

妈妈看出最后一幕的重要性了吗？宝宝先是有了一个念头，接着，乳房和乳头就来了，之后，就有了接触。再往后，宝宝的念头没了。随着他把头转向一边，乳头也迅疾消失了。这就是妈妈喂养的婴儿和机构喂养的婴儿之间的一大差异。宝宝将头歪向一边，妈妈对此如何处理呢？妈妈不会把乳头再次塞进宝宝嘴里，迫使他吸吮。妈妈明白宝宝的感受，因为她自己就是一个鲜活的、充满想象力的人，她会耐心等待。过不了几分钟，宝宝会再次转向妈妈一直愿意放置乳头的地方。于是，新的接触开始了，而且，不早不晚。上述情况反复出现。宝宝吸进去的奶不是源自一个盛满乳汁的容器，而是源自一份"私人财产"，而这份私人财产只是暂时借给一个知道如何使用它的人罢了。

妈妈能够做出如此微妙的调整，充分说明她是一个活生生的人。要不了多久，宝宝就会对此心存感激。

我想特别说明一下第二个妈妈在宝宝将头移开后的处理方式，这一点尤其重要。当宝宝不再需要乳头或不再相信它时，妈妈就把乳头从宝宝嘴里拿开，这一做法使她成为一位真正的母亲。这一点非常微妙，妈妈一开始不是总能成功，而且，有时宝宝也会通过拒绝进食、扭头和睡觉等方式来确立个人的权利。这会令在一旁急于喂奶的妈妈非常失望，有时她会无法忍受胀奶的痛苦，除非她知道如何挤奶，否则根本无法坚持到宝宝再次把头转向她。然而，要是妈妈知道宝宝自己从乳房或奶瓶移开是有意义的，那么，她们也许就能处理好这些问题。她们会把宝宝将头移开或扭头睡去这些现象当成是需要特殊护理的信号。这就意味着，一切的一切都必须紧密围绕着创造舒适的哺乳环境展开。妈妈必须感到很自在，宝宝也必须感到很自在，喂奶时间必须十分充裕，宝宝的手臂必须能自由活动。而且，宝宝一定要有一片开放的皮肤，能自由感受妈妈的皮肤。甚至，有的宝宝需要被赤裸裸地放到妈妈赤裸的身体上。如果无法满足上述条件，请务必记住一点，千万不能强行喂奶。唯一的方法是创造合适的环境，让宝宝自己发现乳房。只有这样，才能使宝宝获得正确的哺乳体验。而这一切对宝宝的影响将在其未来的生活中统统显现出来。

借着这一主题，我想再说说新生儿母亲的情形。她刚刚有过一次焦虑艰难的分娩经历，仍然需要专业人士的帮助，需要有护理经验的人照顾。由于种种原因，此时，她特别依赖别人，对身边任何重要女性的意见都特别敏感，不管是医院里的护士、助产士，还是她自己的妈妈或婆婆，都是如此。从这一点看，她的处境比较艰难。九个月来，她一直为这一刻做着准备。而且，根据我前面所说的原因，她是哺育宝宝的不二人选，最知道如何让宝宝进食。然而，如果身边有经验的人个个都固执己见，那么，她很难与他们争辩。没有生育两三个宝宝、没有丰富经验的人，很难有自己的主见。当然，最理想的状态是与产科护士、助产士和妈妈之间关系融洽。

一旦周围有了这样一种融洽的关系，妈妈就有一切机会按自己的方式与宝宝进行第一次接触。宝宝大部分时间都在她旁边睡着。因此，她可以好好观察床边摇篮里的小家伙，看看自己是不是真的生了个可爱的宝宝。她会渐渐习惯宝宝的哭声。如果她感到哭声很烦人，在她睡觉时，宝宝会被暂时抱走，过后再抱回来。当她觉得宝宝想要进食或想与她的身体有一般性接触时，就会经人协助把宝宝抱进怀里，开始喂奶。在这个过程中，宝宝的脸颊、嘴巴、双手会和妈妈的乳房展开奇妙的接触。

我们都知道，有的年轻妈妈在育儿面前一头雾水。没有人给她讲过这方面的事情。宝宝被抱到另一间屋子里，可能和其他宝宝放在一起，只有喂奶时才被送回来。由于总是有宝宝在哭，所以，妈妈根本不知道是不是自己的宝宝在哭。到了喂奶时间，宝宝被抱进来，包得紧紧地递给妈妈。妈妈只好接过这个怪模怪样的东西，开始奶"它"（"它"字是我故意用的）。结果是，一方面妈妈并没有感觉到生命在胸中涌动；另一方面宝宝也没有机会去探索环境，形成自己的看法。更有甚者，有些所谓的助手因为宝宝拒绝吸吮变得异常愤怒，硬生生地把宝宝的鼻子一并塞了进去。有过这种可怕经验的人可能还不在少数。

不过，即便是母亲，也要从经验中学习如何成为合格的母亲。我认为，如果她们能从这个角度来看待问题，事情就好办多了，因为经验让人成长。如果她们从另一个角度来看，认为一开始就要认真读书，学习如何做一个完美的妈妈，那么，就大错特错了。从长远来看，我们需要的是相信自己的爸爸妈妈，他们会为宝宝的健康成长营造最好的家庭环境。

第八章　母乳喂养

　　在上一章中，母乳喂养是从个人的角度讨论的。在这一章中，我们将从专业的角度来探讨。首先，我们要从妈妈的视角来看究竟需要讨论些什么，然后，医生护士才能自行处理妈妈可能会遇到的问题或者想解决的问题。

　　在儿科医生的一次讨论会上，有人指出，我们其实并不清楚母乳喂养的特殊价值是什么，也不知道应该遵循什么原则来选择断奶时间。显然，生理学和心理学都有义务回答这些问题。当我们试图从心理学的角度对这些问题进行评论时，就必须把身体机能的复杂研究留给儿科医生。

　　虽然母乳喂养的心理学原理是一个极为复杂的问题，但就目前的研究而言，足以写出一些清晰有用的东西了。可问题是，写出来的东西，即便是事实，也不一定能被人接受。这个悖论必须首先得到妥善处理。

　　一个成年人，甚至一个孩子，都不可能确切地知道作为一个婴儿是什么感觉。尽管婴儿期的感觉无疑还储存在每个人的内心深处，但是，要想重新获得并非易事。婴儿期的强烈感受会时常出现在与精神性病症相关的痛苦中。婴儿在某个时刻对某种感情的专注会在病人对恐惧或悲伤的专注中重现。当我们直接观察婴儿时，就会发现，很难把所见所闻转换成感觉性语言。要不然，就靠想象，但又很可能想象错了，因为我们会把后期发展出来的各种想法带入这个情境。然而，照顾自己宝宝的妈妈们最贴近婴儿，最能理解他们的真实感受，因为她们与自己精心照顾的婴儿心有灵犀，而这种特殊能力在宝宝出生几个月后就自然丧失了。然而，在彻底丧失这个重要能力之前，妈妈们很少愿意与人交流。

尽管医护人员很擅长自己的本职工作，但是，他们不见得比其他人更清楚婴儿的感受，毕竟人类刚刚开启认识自我之旅。据说，在人类所有的关系中，没有哪一种关系比哺乳中的宝宝与妈妈（或乳房）之间的关系更为强大了。我并不期望这一点能轻易被人们接受。不过，至少在思考母乳喂养相对于人工喂养的价值时，我们有必要把这一点考虑在内。诚然，就普通动力心理学，尤其是婴儿早期心理学而言，真理无法被人们一下子完全接受。然而，在其他科学领域，如果发现了一个科学事实，马上就能被大家所接受，不会有任何情绪压力。但是，心理学始终要面对这种压力。所以，那些不太真实的东西反而比真理本身更容易被人们接受。

有了上述常识，我想直截了当地说，婴儿和母亲在母乳喂养这场狂欢中的关系是格外密切的。另外，这种关系非常复杂，其内容必须包括兴奋的期待、进食体验、满足感以及从满足感产生的本能紧张转为安静休息的状态。成年人性生活中的种种感受可以与婴儿期母乳喂养的美妙体验相媲美。成年人在经历性生活时，内心深处总能唤起母乳喂养时的感受。研究发现，成年人性体验的模式的确具有从早期婴儿本能生活中衍生出来的特征。

然而，本能的瞬间并非全部。还有母婴关系。在哺乳狂欢和排泄经历之间的时段里，母婴关系也有兴奋和高潮。在婴儿早期的情感发展中，要把自己与母亲的两种关系联系起来是一项艰巨的任务。一种关系是本能的唤醒，另一种关系是母亲即环境，是日常生活必需品的提供者，如安全、温暖、免受意外伤害等。

没有什么能比兴奋期间的美好体验（包括生理满足和内心满足）更能清晰而令人满意地让婴儿形成"妈妈是一个完整的人"的概念了。当宝宝渐渐把妈妈作为一个完整的人来看待时，也就开始设法给妈妈一些回报。宝宝因此变成了一个完整的人，能够捕捉到"温馨"的时刻了。此时，宝宝心怀感激，却无力回报。这正是婴儿负疚感的起点，也是他在深爱的妈妈不在时感到伤心的能力的起点。如果妈妈既能和婴儿建立满意的母乳喂养关系，又能在一定时间内成为婴儿生命中最亲的那个人（直到双方都被认为是完整的人），那么，妈妈就在母婴关系上取得了双重成功，而且，婴儿的情绪发展也已经在健康的道路上走了很远，成为其在人类世界中独立存在的基础。许多妈妈认为，她们确实在头几天里与婴儿建立了联系。当然，她们也希望婴儿在几周后能用微笑给予认可。所有这些都是基于良好的产妇护理经验和满足本能需求方面所取得的成就。一开始，这些成就都可能因哺乳危险、与其他本能体验相关的困难或超出婴儿理解能力的环境变化而丧失。完整人际关系的早期建立和维持对孩子的发展意义非凡。

毫无疑问，一个因故无法进行母乳喂养的妈妈可以在哺乳的兴奋时刻通过人工喂养的方式给予婴儿本能的满足，从而完成大部分人际关系的建立。不过，总的来说，能够用母乳喂养的妈妈好像能在喂养过程中得到更丰富的体验，这似乎有助于母婴关系的早期建立。只从满足本能的角度来说，母乳喂养不比人工喂养更具优势。然而，妈妈的整个态度才是至关重要的。

此外，在研究母乳喂养的特殊价值时，还有个复杂而重要的问题，那就是，婴儿是有想法的。在心灵深处，每一项功能都经过了精雕细琢。即使在生命之初，婴儿也有附着在进食体验等各种兴奋之上的幻想。这种幻想就是对乳房的无情攻击。当婴儿渐渐察觉到被攻击的乳房是属于妈妈的时候，幻想便变成了对妈妈的无情攻击。原始的爱情冲动中有一种非常强烈的攻击性因素，那就是哺乳的冲动。随着时间的推移，幻想仍在继续，于是，妈妈便一再受到无情的攻击。尽管这种攻击性很难察觉，然而，婴儿目标中的破坏成分不可忽视。满意的哺乳不仅完成了婴儿生理上的狂欢，而且，也完成了幻想的体验。然而，当婴儿开始根据事实进行推断，发现被攻击和吸干的乳房是妈妈的一部分时，那么，他就会对这些攻击性想法进行高度的关注。

很显然，接受过一千次母乳喂养的婴儿和接受过同样次数的人工喂养的婴儿大不相同。与人工喂养的妈妈相比，母乳喂养的妈妈更像一个奇迹。我并不是说人工喂养的妈妈在这方面就无计可施了。毫无疑问，人工喂养的妈妈也可以让宝宝抚摩她，让他顽皮地咬自己一口。可见，如果一切进展顺利，宝宝的感觉几乎就和母乳喂养一样。尽管如此，二者之间的差别还是存在的。在精神分析过程中，通过追寻成年人成熟性经验的所有早期源头，分析师有充分的证据表明，在令人满意的母乳喂养中，从母亲身体的一部分获取食物这个事实为其日后参与所有涉及本能的体验提供了一个"蓝图"。

有的婴儿无法吸奶，这也是很常见的事情。究其原因，并不是婴儿的先天问题（这种情况极其罕见），而是母亲这里出了问题，无法满足婴儿的需求。众所周知，必须坚持母乳喂养的错误建议是灾难性的。从母乳喂养转向人工喂养能减轻很大压力。常常是，一个有吸奶困难的婴儿由母乳喂养转向更客观的方法，即人工喂养后，便不再出现任何问题。同样，有些婴儿只有躺在小床里才能获得类似的体验，因为躺在怀里的丰富体验被焦虑或抑郁的妈妈给破坏了。对妈妈得了焦虑症或抑郁症的婴儿来说，一旦断奶，便如释重负。认识到这一点，该领域的研究人员就可以从理论上理解妈妈成功履行自己职责的重要性。成功的哺乳经验对妈妈来说是很重要的，有时甚至比对婴儿来说更为重要。当然，其对婴儿的重要性也是无可否认的。

在此，有必要补充的是，母乳喂养的成功并不意味着所有问题都因此得到解决。成功意味着开启了一段更加紧张、更加丰富的情感历程。对婴儿来说，会有更多的机会产生一些征兆，表明属于生命和人际关系的真正重要的内在问题正在得到解决。当必须用人工喂养来替代时，方方面面的压力通常都能得到缓解。从"轻松管理"的角度来看，医生也许觉得，既然各方面的压力都缓解了，他实际上是在做一件有益的事情。然而，这是从疾病和健康的角度来看待生命的。真正关心婴儿健康发展的人必须能从孩子人格发展的贫瘠和丰富的角度来思考，而这完全是另外一回事。

母乳喂养的婴儿很快能用物体象征乳房，进而象征母亲。婴儿与妈妈（无论是处于兴奋状态还是安静状态）的关系会表现在婴儿与拳头、拇指、其他指头、一块布料或一个柔软的玩具的关系当中。婴儿情感目标的转移有一个非常缓慢的过程。只有当乳房的概念通过实际经历融入婴儿的心中，才有可能用物体来代表它。起初，人们可能认为奶瓶可以替代乳房。不过，只有当婴儿真正接触过乳房，奶瓶作为玩具在适当的时候引入才有意义。如果一开始就用奶瓶哺乳，或者是在最初几周就用奶瓶换掉乳房，那么，奶瓶仍旧是奶瓶。而且，从某种意义上来说，奶瓶不但不会成为母婴关系中的一条纽带，反而会成为一道屏障。总的来说，奶瓶并不是最佳的乳房替代品。

　　研究断奶这个问题很有意思，因为它受到母乳喂养和人工喂养的影响。从根本上说，在这两种情况下，断奶的过程应该是一样的。当婴儿长到一定阶段，会玩丢东西的游戏了，在妈妈看来，就是到了断奶的时候了。断奶对婴儿来说很有意义，也就是说，无论是母乳喂养，还是人工喂养，此时的婴儿都已经对断奶有了心理准备。然而，从某种程度上来说，没有哪个婴儿是百分之百做好准备的，尽管实际上确实有一部分婴儿是自己断奶的。断奶总会让婴儿感到不快，而在这一点上，乳房和奶瓶的差别可就大了。就母乳喂养而言，婴儿和母亲必须进行协商，达成妥协。在过渡期内，还要应对婴儿因断奶对乳房产生的愤怒情绪及攻击念头。这种念头与其说是由欲望驱动的，倒不如说是受愤怒驱使的。对婴儿和母亲来说，成功断奶显然是一个非常丰富的经历，比用奶瓶代替乳房这种机械喂养出来的婴儿和母亲经历丰富多了。在断奶的经历中，有一个重要的事实，那就是，妈妈终于在断奶的各种情绪中挺了过来。她之所以能挺过来，一方面是因为婴儿保护了她，另一方面是因为她自己保护了自己。

　　还有一个实际问题非常重要，那就是，如果一个婴儿即将被人收养，又该怎么办？到底是先母乳喂养一会儿好，还是压根儿就不要母乳喂养？我觉得，这个问题目前没有现成的答案。就我们目前的知识水平而言，当一个单亲妈妈要把孩子托付给别人抚养时，我们也不确定应该建议她先用母乳喂养，还是直接人工喂养。许多人认为，有机会的话，妈妈最好先母乳喂养一阵子，然后，再把宝宝托付给别人抚养。但是，反过来说，如果妈妈有过一段母乳喂养的经历，届时，将很难跟宝宝分离。这个问题非常复杂，也许让妈妈经历一下这种痛苦反而比日后觉得自己被骗走了一次本来可能很喜欢的机会要好多了，这的确是个事实。因此，具体问题要具体对待，关键是要充分考虑妈妈的感受。就婴儿而言，显然，成功的母乳喂养和成功的断奶经验为收养提供了良好的基础。可话又说回来，如果婴儿起步时一切顺利，又怎么可能让人收养呢？最常见的情况是，孩子在生命之初就糟乱不堪。所以，领养孩子的人会发现，他们领养的孩子受到了早期复杂经历的严重干扰。可以肯定的是，早期的这些经历确实非常重要。所以，领养时，对婴儿最初几天或最初几周的哺乳情况和照料情况绝对不能不管不顾。当一切顺利时，生命中的很多流程很容易启动。然而，在经历了几周或几个月的混乱状态之后，再想启动可能就真的很难了。

你可能会说，如果一个孩子最终要来寻求长期的心理治疗，那么，最好是有过被母乳喂养的经历，因为这为他重新获得丰富的人际关系提供了基础。然而，大部分孩子不是来接受心理治疗的，而且，长期的心理治疗更是少见。因此，在领养时，可靠的人工喂养（尽管这不是一个理想的开端）尚能差强人意，因为这种养育模式使得母婴关系不至于过密，便于日后多人同时参与喂养。一开始就是人工喂养的婴儿体验较差。也许正是由于体验较差，所以在日后不断变换护理人员时才不会陷入混乱。原因很简单，至少奶瓶和喂奶方式是不变的。对婴儿来说，一开始，一定要有一些可靠的东西可以依赖。否则，很难指望他的心理健康之路会有一个好的开端。

在这一领域，还有很多研究工作要做。必须承认，对所有年龄段儿童及成年人所有病例（包括正常的、神经症的和精神病的）所进行的长期持续的精神分析为该领域获得全新的认识提供了最为丰富的原始资料。

综上所述，要想轻易避开母乳喂养替代品这件事情是不大可能的。在某些国家和文化中，人工喂养是普遍情况，这一事实必定会影响群体的文化模式。如果一切进展顺利，那么，从妈妈的角度来看，母乳喂养不仅提供了最为丰富的体验，而且也是比较满意的哺乳方式。从婴儿的角度来说，母乳喂养后妈妈和乳房的存在比人工喂养后奶瓶和妈妈的存在要重得多。母乳喂养的丰富体验可能会给母亲和婴儿带来困难，但这根本不能成为反对母乳喂养的理由，因为婴儿护理的目的绝不仅仅是避免出现问题。婴儿护理的目的并不局限于确保婴儿身体健康，还包括为其提供各种条件，使其能够获得最丰富的情感体验。从长远的角度来说，就是要培养婴儿个性和人格的深度与价值。

第九章　宝宝为什么会哭

　　妈妈想了解婴儿的愿望，婴儿想让妈妈了解他的需求，有关这方面的一些明显的事情我们已经讨论过了。婴儿需要奶水和温暖，他们同样也需要妈妈的爱和理解。如果妈妈能了解自己的宝宝，就能在宝宝需要帮助时及时伸出援手，因为没有谁比妈妈更了解自己的宝宝，所以妈妈是帮助宝宝的最佳人选。现在，让我们探讨一下他似乎特别需要帮助的时候，也就是他哭的时候。

　　众所周知，婴儿特别爱哭。作为妈妈，你必须不断地做出选择，究竟是让他哭一会儿，还是去安抚他，去喂他；究竟是让爸爸来帮一把，还是直接交给有经验的保姆，毕竟她对孩子了如指掌，至少她自认为如此。作为妈妈，你可能希望我直截了当地告诉你究竟应该怎么办。但是，若我真的这么做了，你又会说："这也太蠢了！宝宝哭号的原因多着呢。在没搞清楚真正原因之前，怎么可能说应该如何如何？"的确如此，也正因如此，接下来，我想和妈妈们一起弄清楚宝宝哭的原因到底是什么。

我们不妨把哭分为四种类型，这种分类是比较准确的。四种类型可以归纳为"满足、痛苦、愤怒、悲伤"。你会发现，我将要说的都是平平常常、显而易见的事情。事实上，每个妈妈自然都知道，只是她通常并没有尝试把自己知道的东西用言语表达出来而已。

我要说的是，哭无外乎有以下几种含义：要么是给宝宝锻炼肺部的感觉（满足），要么就是苦恼的信号（痛苦），要么是生气的表现（愤怒），要么是一首伤心的歌（悲伤）。如果你觉得我的说法有点儿道理，那么，接下来，我就可以做一个更仔细的解释。

也许你会觉得奇怪，我怎么一上来就说哭是为了满足，是为了快乐，这是因为大家通常以为婴儿哭了，肯定是遇到不高兴的事了。然而，我依然觉得"满足的哭"是应该首先要说一说的。我们必须认识到，哭也可以是快乐的，就像婴儿利用任何身体功能获得快乐一样。所以，婴儿必须哭够才能快乐。反之，则会闷闷不乐。

有的妈妈会跟我说："我的宝宝除了吃奶前哭一下，几乎很少会哭。当然，他每天四点到五点之间都会哭上一小时。不过，我觉得他喜欢这样。他并没有遇到什么麻烦，而我会让他知道，我就在身边，却不会刻意去安抚他。"

有时，人们会说，婴儿哭的时候，千万别把他抱起来。这个问题，我们稍后再谈。不过，也有一些人说，千万别让婴儿哭。我想，这些人可能还想告诉妈妈们，千万别让宝宝把拳头放进嘴里，别让他们吸吮拇指，别让他们使用安慰奶嘴，也别让他们在吃完奶后抓摸乳房。其实，这些人不知道，婴儿有自己的办法，也必须有自己的办法来克服遇到的困难。

不管怎么说，不爱哭的婴儿不见得就比爱哭的婴儿好。就我个人而言，如果一定要在这两个极端中做出选择的话，我倒愿意赌一赌爱哭的婴儿，毕竟他们知道在什么时候如何发声，但前提是，不要让婴儿哭得太频繁而陷入绝望的境地。

我想说的是，从婴儿的角度来看，任何身体锻炼都是有益的。呼吸本身对新生儿来说就是一项新的成就。在能够自由呼吸之前，这项技能还是挺有趣的。此外，尖叫、大叫以及各种形式的哭喊肯定也让宝宝感到兴奋。认识哭的价值非常重要，这样，我们就能看到在婴儿遇到困难时哭是如何起到安慰剂效用的。婴儿哭号，是因为他们感到了焦虑或不安，此时，哭确实很管用。因此，我们必须承认，哭是有好处的，而且好处不小。往后，宝宝学会说话。再往后，蹒跚学步的小儿还将学会按节奏打趣。

妈妈们都知道，婴儿很会利用自己的拳头或手指。有时，他们会把它塞进嘴里，以此来应对挫折。尖叫就像从内心伸出的拳头，谁也阻止不住。你可以把宝宝的手从嘴里拿开，却不能把他的哭声憋回肚子里。你不能完全制止宝宝的哭叫，我也希望你不要做这样的尝试。如果你的邻居无法忍受噪声，那你可就惨了，因为你不得不为了顾忌他们的感受而采取措施尽量不让宝宝哭号（不过，这与研究宝宝哭号的原因是不同的）。这样，就可以预防或阻止那些对宝宝来说是无益的，甚至是有害的哭号。

医生说，新生儿响亮的哭声是其健康和强壮的表现。而且，这在很长一段时间里依然还是健康和强壮的标志。实际上，那是一种早期的体育锻炼，能给宝宝带来满足感和愉悦感。然而，哭的意义远远不止于此。那么，哭还有其他什么含义吗？

痛苦的哭声很容易识别，这种十分自然的方式让你知道宝宝遇到了麻烦，需要你的帮助。

当宝宝感到痛苦时，他会发出尖叫声或别的刺耳的声音。同时，还常常伴有身体动作，告诉你哪里出了问题。比如，如果他肠绞痛，就会收紧双腿；如果他耳朵疼，就会把手伸向有问题的耳朵；如果是一道强光让他不爽，就会把头扭向一旁。不过，面对一声巨响，他还真不知道该如何是好。

痛苦的哭叫本身对婴儿来说并不愉快，也没有人会认为这是愉快的，因为这种哭声会立刻惊动周围的人，促使他们马上采取行动。

有一种痛苦叫作饥饿。在我看来，饥饿对婴儿来说似乎很痛苦。饥饿给婴儿带来的痛苦，大人们可能早就忘了，因为成年人很少会饿到肚子疼。在当今的英国，我想很少有人知道挨饿是什么滋味。想想看，我们为了确保食物供应，尤其是战时的食物供应，都做了什么。我们考虑的是要吃什么，而不是要不要吃。要是我们喜欢的某种食物短缺了，可以不去想它，而不用一直惦记着却吃不着。然而，婴儿对严重饥饿带来的痛苦折磨可是再清楚不过了。妈妈都喜欢宝宝又听话，又贪吃，喜欢他们在听到食物备好的动静后，在看到食物、闻到气味时能兴奋起来。可是，宝宝兴奋的同时会感到痛苦，于是，就通过哭号表现出来。不过，如果能马上填饱肚子，这种痛苦也就会马上忘记了。

婴儿出生后，我们常常能听到其痛苦的哭声。迟早，我们还会听到另一种痛苦的声音，即害怕的哭声。我想，这意味着婴儿开始懂事了。他逐渐明白，在某种境况下，他肯定会感到痛苦。当你开始给他脱衣服时，他知道，温暖舒适将离他而去；他也知道，他的位置将发生这样那样的改变，因此，所有的安全都不复存在了。所以，当你解开他的第一粒扣子时，他就会大哭起来。这说明，他会推理了，早先的经历会让他联想到别的事情。随着时间的流逝，随着他年龄的增长，这一切自然也就变得越来越复杂。

众所周知，有时候婴儿哭号，是因为身体被弄脏了。这可能意味着婴儿不喜欢脏乱（当然，如果他长时间处于脏乱的状态，皮肤还会受损，继而引起疼痛），但是，通常并非如此。哭，是他怕被人打扰。经验告诉他，在接下来几分钟的时间里，他将失去所有的安全保障。也就是说，他的衣服将被解开，位置将被移动，舒适的温度也将失去。

恐惧哭号的根源在于痛苦，这就是为什么每次哭号的声音听起来都是一样的。婴儿记住了其中的痛苦，也知道痛苦会再次袭来。婴儿经历了剧痛之后，任何可能让他再次体验痛苦的情形都会把他吓得大哭。很快，他便产生了一些想法，其中一些令人恐惧。所以，如果他真的哭了，我们要考虑有什么东西让他想到了痛苦，尽管那些东西只是他想象出来的。

如果你刚刚开始思考这些问题，也许你会觉得，我把事情弄得复杂了。可是，没有办法。好在接下来的内容非常简单，因为我要说的哭号的第三个原因是愤怒。

我们都知道发脾气是什么样子。我们也知道，有时当愤怒达到极点时，我们似乎会彻底失控。你的宝宝也清楚盛怒是怎么回事。有时，无论你怎么努力，依然会让他失望，因而他就会怒号。不过，在我看来，有一点还是值得欣慰的。那就是，怒号可能表示他对你还有信心，希望你能做出改变。宝宝一旦失去信心，就不会生气了，他只会停止渴望，或者用一种痛苦、幻灭的方式哭号，或者开始用头撞枕头、撞墙、撞地板，诸如此类，不一而足。

对宝宝来说，了解愤怒的全貌对健康有好处。所以，当他生气的时候，不会以为对任何人都没有造成伤害。妈妈很了解宝宝发脾气的样子。他会又踢又叫。如果是大一点儿的宝宝，还会站起来，使劲儿摇晃小床的栏杆。他还会又咬又抓，乱吐乱喷，把周围搞成一团乱麻。如果他真的横下一条心，他会屏住呼吸，脸色发青，甚至大发雷霆。在短短的几分钟里，他真的打算摧毁身边的每一个人和每一件事，甚至不介意毁了自己。你自然会想方设法让宝宝脱离这种状态。不过，可以说，如果宝宝是在愤怒的状态下哭号，感觉自己似乎已经摧毁了周围的每一个人和每一件事，然而，如果他身边的人却依然镇定自若，完好无损，那么，这种经历会让他更清楚地认识到，他认为真实的东西未必就是真实的，幻想和现实虽然都很重要，但彼此不同。你没有必要故意激怒宝宝。原因很简单，因为不管你愿意与否，你的许多行为都会自觉不自觉地惹他生气。

有些人行走世间，总是害怕情绪失控，害怕小时候暴怒的可怕后果会再次出现。出于各种原因，这种情况从未得到真正的检验。也许，他们的母亲受到过惊吓。通过冷静的行为，妈妈本可以给宝宝传递信心的。然而，她们却把事情搞糟了，似乎生气的宝宝真的很危险。

盛怒中的婴儿是一个十足的人。他知道他想要什么，也知道如何才能得到，而且，他拒绝放弃希望。起初，他几乎不知道自己的叫喊会带来伤害，就好比他不知道自己的脏乱会给人添麻烦一样。但是，几个月之后，他就开始感到危险了。他感到自己有伤害别人的能力，也很想伤害别人。根据他自身的痛苦经历，他迟早会知道别人也会遭受痛苦，也会感到疲惫。

仔细观察你的宝宝。当你发现他知道自己能够伤害你且很想伤害你的迹象时，一定能引起你很大的兴趣。

现在，我想谈一谈哭的第四个原因——悲伤。我知道，我不必向你描述悲伤是什么，正如我不必向没有色盲的人描述颜色一样。然而，由于种种原因，我们也不能一提而过。首先，婴儿的感受都是非常直接而强烈的。相反，作为成年人，尽管我们非常重视婴儿期的这些感受，也愿意在某些特殊时刻重新体验一番，但是，我们早已学会了如何保护自己，免受类似儿时那样几乎无法忍受的情绪的支配。如果我们失去了深爱的人，那么，悲痛是在所难免的。此时，我们会停下来，静静地度过这一段时间，朋友们也会理解和包容。估计用不了多久，我们就能从痛苦中恢复过来。我们不会像婴儿那样，没日没夜地把自己暴露在极度的悲伤之中。实际上，很多成年人为免受悲痛之苦，把自己保护得太过了。结果，他们很难认真面对任何事情。他们体会不到自己想要的那种深深的感情，因为他们对任何真实的东西都感到恐惧；他们发现自己无法明确地爱一个人或一件事，因为风险太大；即便他们完全可以免于悲伤之苦，仍然不敢冒险，生怕失去太多。成年人大都喜欢令人流泪的电影，这至少说明他们没有失去伤感的能力！当我谈到悲伤是婴儿哭泣的一个原因时，我得提醒你，你不可能轻易记住自己婴儿期的悲伤。所以，你不能仅凭"直接同情"来认定自己宝宝的悲伤是什么样子的。

即便是婴儿也知道如何对痛苦进行有力的防御。不过，我要描述的痛苦是客观存在的，你也肯定听到过。我希望能帮你看清痛苦的地位、意义和价值。这样，当你再次听到这种哭声时，就知道该怎么办了。

这里，我想给你提个醒，当你的宝宝开始为悲伤而哭泣时，他已经在情感发展的道路上走了很长一段路。然而，我想说的是，正如我在前面提到愤怒时所提到的，如果你试图诱发宝宝伤心的哭泣，也将一无所获。让宝宝伤心和让宝宝生气一样，对宝宝没有任何帮助。但是，愤怒和悲伤还是有区别的。那就是，愤怒或多或少是对挫折的直接反应，而悲伤则意味着婴儿内心发生了一系列复杂的变化。有关这一点，我会慢慢描述的。

不过，首先，我要说的是，悲伤的哭声里有一种音律。这一点，我想你也会赞同。有人认为，悲伤的哭泣是更有价值的音乐的主要根源之一。从某种程度上来说，宝宝是在用悲伤的哭泣来自娱自乐。在他等待睡意来淹没他的忧伤时，很容易尝试各种各样的哭音。等他再大一点儿，你就会发现，他是唱着忧伤的歌入眠的。此外，你也知道，悲伤的哭泣常常伴有泪水，愤怒的哭泣则不同。不伤心的哭泣意味着宝宝的眼睛总是干燥的，鼻子也是干涩的（当眼泪没有从脸上滑落时，就会流进鼻子里）。所以，眼泪对生理和心理都是有益的。

也许，我可以举个例子，说明一下悲伤的价值。我想以一个十八个月大的孩子为例，因为同样的事情放在婴儿早期来看比较模糊，而在这个年龄就比较明朗。这个小女孩在四个月大时被人收养，此前，她有过许多不幸的经历，所以特别依赖母亲。可以说，和那些幸运的宝宝不同的是，这个女孩心里尚未树立起"好妈妈"的形象。因此，她牢牢地抓住无微不至照顾自己的养母。这个孩子一时一刻也离不开养母，养母也知道自己不能离开她半步。有一次，在她七个月大时，养母把她托付给一个经验丰富的人照顾了半天，结果简直就是一场灾难。现在，孩子十八个月大了。养母决定外出休假两周，于是，她跟孩子做了交代，并把她托付给熟人。就在这两周里，孩子烦躁不安，大部分时间都在试图打开养母卧室的房门。她根本无法接受养母不在身边的事实，结果弄得自己连玩的心思都没有了。她太害怕了，竟忘了难过是怎么回事。我想，有人会说，对这个女孩而言，整个世界停止了两个星期。当养母终于回来时，孩子愣了半天。等她醒悟过来，发现自己看到的都是真的，就一头扑到养母怀里，搂住她的脖子，抽泣不已，继而陷入了深深的悲伤。过了好久，才恢复了常态。

在局外人看来，小女孩在养母回来之前应该特别伤心。然而，对小女孩来说，那时，她并没有伤心。直到养母重新出现，她才知道，可以在她面前难过了。于是，眼泪扑簌簌地落在了养母的脖颈上。为什么会这样呢？不得不说，因为小女孩必须应对一些让她感到十分害怕的事情，那就是，养母的离开让她内心产生了愤恨。我举这个例子，是因为孩子非常依赖养母，而且，很难在他人身上找到母爱。可见，当孩子恨妈妈时，那是多么可怕的一件事情。所以，她一定要等待，直到妈妈回来。

可是，妈妈回来后，小女孩又做什么了呢？她本可以冲上前去，咬妈妈一口。如果你们中的一些人有过这样的经历，我一点儿都不感到惊讶。但是，这个孩子却是搂住妈妈的脖子抽泣起来。妈妈对这种表现又该如何理解呢？假如她把自己的理解变成语言（当然，庆幸的是，她没有真的说出来），她可能会说："我是你的好妈妈，而且，是独一无二的。你不希望我走，你吓坏了。你恨我，所以，你很难过。不仅如此，你觉得我离开你，是因为你做了什么坏事，或者你对我的要求太多了，或者你在我离开之前就已经恨过我。你觉得我离开都是因为你，而且，你觉得我永远都不会回来了。直到我回来，你搂着我脖子才意识到，即使我和你在一起，你也想把我赶走。你很伤心，所以，你搂住了我的脖子，这说明，尽管我的离开伤害了你，你仍然觉得这是你的错。事实上，你感到很内疚，仿佛世界上所有的坏事全都因你而起，而实际上你只是促使我离开的很小一部分原因。宝宝都很麻烦。但是，妈妈们早就有这种心理准备，所以，一点儿也不觉得烦。由于你特别依赖我，所以，我也就格外累。不过，领养你是我自己的决定。所以，我也从来没有因为累了而反悔……"

上面这些话，本可以出自妈妈口中。但是，谢天谢地，她并没有说。实际上，这些想法从未进入她的脑海。此时的她正忙着拥抱安抚可爱的小女儿呢。

为什么我会不厌其烦地讲述一个小女孩伤心哭泣的事情呢？我相信，当遇到孩子伤心哭泣时，没有哪两个人能将其描述得一模一样。我还得说，我上面描述得也不一定准确，但也并非完全错了。我希望，通过我的描述，能让你看到悲伤的哭泣是一件非常复杂的事情。它意味着，在这个世界上，你的宝宝已经获得了自己的一席之地。他不再是随波逐流的浮萍，而是对周围的环境开始负责。他不再仅仅是对环境做出被动反应，而是要主动担责。问题是，一开始，他觉得要对身边发生的事情和生活中所有的外部因素负全部责任。但是，渐渐地，他就厘清了哪些是自己该负的责任。

现在，我们来对比一下悲伤的哭泣和其他哭泣的区别。可以看出，从出生开始，宝宝因痛苦和饥饿而哭泣时，从来都不会错过大人的耳朵和眼睛。愤怒出现在宝宝开始懂事之后，恐惧则表明宝宝能够预测痛苦的到来，同时，也意味着宝宝开始有了自己的想法。悲伤所代表的意义远远大于其他感觉。如果妈妈们能明白悲伤所蕴含的宝贵价值，就可以避免错过一些重要的事情。当孩子稍大一些能说出"谢谢你"和"对不起"时，大人们都会感到十分欣慰。但是，感激和忏悔的早期形式其实就包含在婴儿悲伤的哭泣之中。认识到这一点，比书本上教给你的东西还要重要。

你肯定已经注意到了，在我上面的描述中，伤心的小女孩搂住妈妈的脖子痛哭不已，那是一幅多么合理的画面啊。生气的宝宝，一旦和妈妈的关系改善了，便不再生气。如果他赖在妈妈腿上，那是因为他害怕离开，而妈妈有可能希望他离远点儿。然而，宝宝伤心了，你完全可以把他抱起来，安抚一下，因为他为自己的悲伤负起了责任，理应与大人保持良好的关系。实际上，悲伤的宝宝可能需要你从身体和情感两方面来呵护他。他最不喜欢你摇晃他，胳肢他，或者用别的方式转移他的注意力。假如他正处于哀伤状态，需要一定的时间来恢复。他只需要知道你还继续爱着他就好。有时候，最好能让他自己哭一会儿。请记住，在婴儿期和童年期，没有哪种感觉比真正自发地从悲伤和内疚中恢复过来更好的了。的确，有时，你会发现，孩子故意调皮捣蛋，为的是感到错了，好痛哭一场，然后，慢慢体会得到原谅的感觉。此时的他迫切渴望重温从悲伤中真正恢复的美妙体验。

迄今为止，我已经描述了不同种类的哭泣。当然，要说的话还有很多。不过，我想，妈妈们可能已经从我的分类中得到启发了。还有一种哭泣没有提到，那就是绝望的哭泣。要是宝宝不再抱有任何希望了，就会发出这种哭声。当然，这种哭泣也可以归入其他类别。在家里，你可能从来没有听到过这种哭声，否则，情况早已失控，你早就寻求援助了，尽管我一再强调，你比任何人都懂得如何照顾自己的宝宝。而这种绝望崩溃的哭声通常在护理机构里能够听到。在那里，没有办法让每一个宝宝都拥有一个妈妈。我在此提到这种类型的哭泣，仅仅是为了把哭泣的类别补全而已。事实上，如果你愿意全心照顾自己的宝宝，那意味着你的宝宝非常幸运。除非有什么突发事件打乱了你的计划，否则，宝宝会直接让你知道他什么时候不高兴了、什么时候爱你了、什么时候想摆脱你了、什么时候感到焦虑害怕了，以及什么时候只是让你明白他正在难过呢。

第十章　一点一滴了解世界

如果你听听哲学辩论，有时能听到人们大谈特谈真实与虚假的问题。有人说，真实就是能摸得到、看得到和听得到的东西；也有人说，感觉真实的东西才是重要的。比如，一场噩梦，或者对上车插队者的厌恶态度。这些听起来有点儿高深莫测。可是，它与照顾宝宝的妈妈又有什么关系呢？在此，我想解释一下。

带宝宝的妈妈面对的是一个不断发展变化的局面。宝宝一开始对世界一无所知。等到妈妈完成了自己的任务，宝宝也就长大成人了，开始了解世界，生根立足，甚至还会参与世界的发展，这是一个多么大的变化啊！

但是，你会发现，有些人在真实事物的判断上出现了问题，他们感受不到真实事物的存在。对你我而言，某些事情在特定时候更加真实。我们可能都做过这样的梦，梦里的一切比现实还真实。对有些人来说，想象中的世界比现实世界更加真实。因此，在现实世界中，他们几乎活不下去。

现在，我们要问这样一个问题：为什么一个普普通通的健康人可以同时感受外部世界的真实性和虚拟世界的真实性呢？你我又是怎么成为这样的人的？成为这样的人有一个极大的优势，那就是，我们既可以借助想象力让这个世界变得更加激动人心，又可以利用现实世界的一切来丰富我们的想象。那么，我们就是这样成长起来的吗？我想说的是，我们不是这样成长起来的，除非一开始我们每个人都有一个能慢慢让我们认识这个世界的妈妈。

那么，在看待世界这个特殊的问题上，两三岁的孩子会是什么样子？学步期的儿童又会是什么样子？对蹒跚学步的孩子来说，每一种感觉都是异常强烈的。作为成年人，我们只有在一些特殊时刻才能重温这种属于儿时特有的美妙的强烈感受，而任何能够帮助我们重温这种感受且不会带来恐惧的事情都是大受欢迎的。比如，有的人凭借音乐或绘画来重新体验，有的人凭借足球比赛，有的人凭借舞会前的精心打扮，也有的人凭借女王从身边走过时的一瞥。幸福的人一方面能脚踏实地，另一方面仍能享受这种强烈的感觉，哪怕只是在梦里或在记忆里。

对小孩（尤其是婴儿）来说，生命只是一连串高度紧张的经历。你一定注意到打断孩子游戏的后果是什么。其实，只要你提前提醒一下，孩子到时就有可能马上结束游戏，并不会因为你的干预而大发雷霆。叔叔送你儿子的玩具是现实世界的一部分。此外，如果是在合适的时间由合适的人以合适的方式送给他的，那么，这对孩子来说将意义非凡。这一点我们应该理解，也应该接受。也许，我们还记得自己小时候的那个小玩具，记得当时它对我们的特殊意义。可是，如果现在还把它摆在壁炉架上，那看上去又是多么无聊啊！两三岁的孩子同时活在两个世界里。我们与孩子共享的这个世界也是孩子头脑中的世界，只有他们才能尽情地体验。之所以会这样，是因为我们在与这个年龄段的孩子打交道时，不会强求他们对外部世界有一个准确的认识。孩子们并不需要时时刻刻都脚踏实地地活着。如果一个小女孩想要飞，不要说："小孩子哪能飞呢？"而是要把她抱起来，举过头顶，转圈圈，然后，再把她放在柜子顶上。这样，她会觉得自己像一只小鸟一样，飞回了鸟巢。

要不了多久，孩子们就会发现，飞翔并不是那么容易的事情。也许，他们的梦里还留存着一个可以飞来飞去的魔法世界；也许，梦里的他们正迈着巨人的步伐。像"七里靴"和《一千零一夜》中"魔毯"这样的童话故事都是成年人为飞翔这个主题所做的贡献。十岁左右的孩子开始练习跳远和跳高，并力争比别人跳得更远、更高。所有这些（除了梦以外）都与三岁时自然冒出来的、能带来强烈感受的飞翔念头有关。

关键是，我们不要把现实强加给小孩子。我们希望等到孩子五六岁时也不必这么做，因为如果一切顺利的话，这个年纪的孩子自然会对成年人所谓的现实世界产生科学兴趣。现实世界是丰富多彩的，前提是，在接受它的同时，不要失去个人想象的世界或内部世界的真实性。

对小孩子来说，他们的内心世界既可以是内在的，也可以是外在的。因此，当我们玩孩子的游戏并以其他方式参与孩子的想象体验时，就进入了孩子的想象世界。

有一个三岁的小男孩，他很快乐，整天要么自己玩，要么和小伙伴一起玩，也能像成年人一样坐到桌边吃饭。白天的时候，他可以非常清楚地区分什么是大人说的现实，什么是自己脑海里的世界。到了晚上，又会怎么样呢？到了晚上，他睡着了，毫无疑问又开始做梦。有时，他会突然尖叫着醒来。这时，妈妈会急忙跳下床，走进房间，把灯打开，然后，把他抱起来。他会开心吗？恰恰相反！他会大叫道："走开，你这个老巫婆！我要妈妈。"他的梦境已经延续到了现实世界。在接下来二十多分钟的时间里，妈妈只能在一旁干等着，什么也做不了，因为在孩子眼里她现在就是个巫婆。突然，他伸出双臂搂住妈妈的脖子。他紧紧地抱着她，仿佛妈妈刚刚出现似的。还没等他把"女巫骑着扫把"的故事说完，就又睡着了。此时，妈妈把他放回到小床上，然后，回自己的房间了。

再来看一个七岁的小女孩，一个很乖的小孩子。她告诉你说，在新学校里，所有孩子都和她作对，女老师也很凶，总是挑她的毛病，还拿她当反面典型，羞辱她。这时，你当然要去学校，找老师谈一谈。我并不是说所有老师都是完美的，然而，你可能会发现，这个老师其实是个心直口快的人。事实上，老师也很苦恼，因为小女孩似乎给自己带来了麻烦。

现在，你对孩子应该有所了解了吧。处在这个年龄的他们不可能知道真实的世界是个什么样子，应当允许他们心里有大人所说的幻想或错觉。也许，你请老师喝杯茶，聊一聊，事情就解决了。没过多久，你可能发现，孩子又走向了另一个极端。她开始非常依恋老师，甚至奉她为偶像。这一次，小女孩是因为老师的偏爱而怕别的孩子嫉妒她。然而，随着时间的推移，一切都归于平静。

现在，如果我们观察幼儿园里的孩子，很难根据我们对老师的了解来猜测他们是否喜欢他。你可能认识这位老师，对她的评价也许不高。她长相平平，而且，在妈妈生病时还表现得极其自私。可是，孩子们对她的感情却不是基于这些事情。也许，孩子很依赖她，很爱她，因为她很和蔼，很可靠，很容易成为孩子快乐成长过程中不可或缺的人物。

这一切都源自早期的母婴关系，而这段关系有其特殊的条件。妈妈和宝宝分享着一个小小的世界。一方面这个世界一定要很小，小到不让宝宝感到杂乱无章；另一方面又要让它渐渐增大，以适应孩子日益增长的享受世界的能力。这是妈妈工作中一个至关重要的部分，也是妈妈自然而然就能做好的。

如果再仔细观察一下，就会发现，妈妈在此期间还做了两件非常有益的事情。一是她千方百计地避免巧合，因为巧合会导致糊涂。例如，在断奶的同时把宝宝托付给别人照料，或者在麻疹发作期间改吃固体食物等；二是她能够区分事实与幻想。这一点值得我们仔细研究。

现在，再回到前面提到的那个小男孩。当他在夜里醒来称自己的母亲是巫婆时，她很清楚自己不是巫婆。所以，她也就心安理得地在一旁等待，等待孩子苏醒过来。第二天，当他问她世界上是否真有巫婆时，她轻松答道："当然没有。"与此同时，她拿出一本里面有巫婆的故事书。当小男孩拒绝你为他精心制作的牛奶布丁并做鬼脸说布丁有毒时，你不会生气，因为你知道布丁并没有问题。你也知道，他只是一时觉得布丁有毒，你会设法打消他的顾虑。说不定，过几分钟，他就会津津有味地把布丁吃光。要是你对自己信心不足，就容易大惊小怪，没准儿还会把布丁硬塞进孩子嘴里，只为了向自己证明布丁没有问题。

妈妈对真实与虚假的清晰认识会在方方面面让孩子受益，因为孩子只是逐渐理解世界并非想象中的样子，想象并非是真实的世界。二者缺一不可。你还记得宝宝喜欢的第一件东西吗？可能是一小块毯子，也可能是一个柔软的玩具。对宝宝来说，那几乎就是他自己的一部分。所以，要是拿走了，或者拿去洗了，结果一定是一场灾难。等到宝宝能自己扔东西了（当然，他依然想让别人把它捡回来），你就知道时机到了。也就是说，宝宝允许妈妈离开，然后再回来了。

现在，我想回到起点。如果开头顺利，后面的这些事情就容易多了。我想再说说早期哺乳这件事情。记得我前面说过，当宝宝想吃奶时，妈妈就要把乳房或奶瓶准备好；当宝宝不想吃了，妈妈就让乳房或奶瓶消失。看得出来吗？妈妈就是通过这种方式向宝宝介绍着这个世界。这是一个良好的开端。在接下来九个多月的时间里，妈妈喂了一千多次奶。至于其他事情，也同样是根据宝宝的需要及时调整适应。对于这个幸运的宝宝来说，世界一开始就和他的想象结合在一起，并被织进他想象的纹理中，宝宝的内心世界也因其感知的外部世界而丰富起来。

现在，我们再回头来看看人们讨论的"真实"是什么意思。假如他们中的某个人有个平凡的好妈妈，从婴儿时期就向他慢慢介绍这个世界，就像你对自己的宝宝所做的那样，那么，他将会看到"真实"有两种，而且，他也能同时感受到两种真实的存在。假如另一个人的妈妈把事情搞得一团糟。那么，对这个人来说，"真实"就只能有一种。这个不幸的人看到的要么是一个真实的众人世界，要么是一个虚幻的个人世界。这两种情况先说到这儿吧。

所以，世界是什么样的在很大程度上取决于它是以什么方式呈现给婴儿和成长中的孩子的。普通的母亲可以开启并完成这项惊人的事业，把世界的一点一滴介绍给婴儿，这倒不是因为所有的妈妈都像哲学家一样聪明，仅仅是因为每个妈妈对自己的宝宝都充满了爱心。

第十一章 把宝宝当作一个人

我一直在想，怎样才能把宝宝当作一个人来描述。很容易看出，当食物进入婴儿体内后，就被消化了。其中一部分为了婴儿的成长被输送到身体的各个部位，另一部分作为能量储存了起来，还有一部分以某种方式排泄掉了。这只是从身体的角度来看待婴儿。然而，如果现在我们把他作为一个人来看待，就不难发现，喂养经验分为两种：一种是身体的，一种是想象的，二者互为基础。

我认为你不妨这样去想。你出于母爱为宝宝所做的一切就像食物一样进入宝宝体内。宝宝利用它创造出一些东西来。不仅如此，他还会在各个阶段充分利用你，然后将你丢弃，就像他对待食物一样。也许，为了充分说明我的意思，我得先让宝宝突然长大一点儿。

让我们来看一个十个月大的男孩。当妈妈和我说话时，他就坐在妈妈的膝盖上。他活泼好动，精神十足，对身边的一切充满了好奇。我并没有故意把东西搞乱，而是把一个诱人的小物件放在了位于我和妈妈之间的桌角上。我和妈妈一边继续谈话，一边用余光观察宝宝的动静。你可以肯定，假如他是个正常的宝宝，一定会注意到那个诱人的小东西（就当是勺子吧），也一定会伸手去拿它。事实上，可能他刚一伸手去够，就会突然矜持起来，仿佛心里在想："这件事得先搞清楚。不知道妈妈对这个物件有没有什么想法。算了，还是先别碰了，等弄明白了再说。"于是，他会把目光从勺子上移开，好像毫不在乎似的。可是，没过多久，他就会重新燃起对勺子的兴趣。接着，他会试探性地把一根手指放在勺子上。他可能会抓起勺子，望向妈妈，看是否能从她的眼神中看出点儿什么东西来。此时，我也许不得不告诉妈妈该怎么做了。否则的话，妈妈很可能会大包大揽，或者横加阻拦。所以，我要求妈妈尽量不要干涉宝宝正在做的事情。

小男孩渐渐地从妈妈的眼中发现，自己的这个举动并没有遭到妈妈的反对。于是，他抓紧勺子，将其据为己有。然而，他依然十分紧张，因为他不清楚，如果他用勺子做了自己特别想做的事情，结果会如何？他甚至都不能确定自己到底想拿它做什么。

我们知道，过不了多久，他就能发现自己想用勺子做什么了，因为他的小嘴开始兴奋起来了。虽然他还是十分安静，若有所思，但是，口水已经从嘴里流出来了。他的舌头看起来湿乎乎的，嘴巴急于含住勺子，牙床也巴不得能马上咬它一口。

很快，他就把勺子放进嘴里。接着，就像狮子和老虎抓到了好东西一样，目光中充满了攻击性。他似乎要把勺子吃掉。

现在，可以说，宝宝真的把这个东西据为己有了。他不再纠结和沉默了，也不再奇怪和怀疑了。相反，他变得相当自信，而且，新的战利品也让他感到非常充实。可以说，在他的脑海里，他已经把勺子吃掉了。就像食物进入婴儿体内、消化后成为他的一部分一样，这个以想象的方式据为己有的东西现在变成了他的一部分，而且，还可以利用了。那么，究竟如何利用呢？

答案不言自明，因为这是家里常常发生的事情。接下来，他会把勺子放到妈妈嘴边去喂她，想让妈妈假装吃掉它。这里要注意，他并不是真想让妈妈咬住勺子。而且，如果妈妈真把勺子吃进嘴里，反而会把他吓一跳。这是一个游戏，也是宝宝把自己的想象付诸实施的一种尝试。宝宝在玩这个游戏，他也在邀请别人一起玩。他还会做什么呢？他也会喂我，也想让我玩吃东西的游戏。他可能会对着房间另一端的人的嘴做一个手势。他想让大家都来分享这个好东西。他拥有了它，别人也可以拥有啊。他终于有了一个可以慷慨分享的东西了。现在，他又把勺子伸进妈妈的衬衫里，放在她的乳房上，然后，又重新发现了它，把它拿了出来。接着，他把勺子塞到吸墨板下面，一遍又一遍地玩着"失而复得"的游戏。也许，他发现了桌上的那个碗，于是，便开始从碗里捞出想象中的食物，有模有样地喝起肉汤。这是一段非常丰富的体验，与身体中部胃肠消化食物的神秘过程有着惊人的相似之处，那是一个食物在吞咽后消失、残留物在身体末端排出的大小便中重现的过程。宝宝们都是通过这类游戏来丰富自己的。类似的例子俯拾皆是，举不胜举。

此时，小男孩已经把勺子弄掉了。我想，他的兴趣开始转移到别的事情上了。我把勺子捡起来，再次递到他的手里。没错，他似乎想要。他像之前一样重新开始游戏，仿佛那勺子就是他身体的一部分。瞧，勺子又掉了！显然，不是无心的。也许，他喜欢听勺子掉落到地板上的声音。那就让我们拭目以待吧。我又把勺子递给他。这一次，他刚拿到勺子，就故意松手。原来，让勺子掉下去才是他此时最大的快事。我再次把勺子递给他。这一次，勺子刚到手就被扔了出去。现在，他转而伸手去抓别的东西了，而勺子早已被忘得一干二净。至此，这一段表演正式降下帷幕。

小男孩一开始对某个事物产生了兴趣，接着，把它变成了自己的一部分，最后，用完扔掉。这一过程我们看得清清楚楚。这类场景在家里频频上演。不过，在这个特殊的环境里，事情发生的先后顺序非常明显，这给了婴儿充分的时间去体验。

我们从对小男孩的观察中学到了什么呢？

首先，我们见证了一次完整的经历。由于是在可控的环境中，所以，整个过程有开头，有中间环节，还有结尾。这是一个环环相扣的完整事件，对宝宝来说非常有益。当你行色匆匆或心烦意乱无暇顾及宝宝时，宝宝就会非常可怜。然而，当你时间充裕时，就可以让宝宝体验整个过程。这样，可以培养宝宝的时间观念，因为他们并不是天生就知道，任何一件事情有开头，就有结尾。

你有没有发现，一旦宝宝有了"开始"和"结束"的概念，我们就能享受（或者忍受）事情的中间环节？

通过给孩子充分的时间进行全面体验，通过与孩子并肩作战，你逐渐为孩子最终无拘无束地享受各种体验奠定了基础。

观察玩勺子的宝宝，我们还得到了另外一个启发。我们发现，在开启一段新的冒险旅程时，总会有这样那样的怀疑和犹豫。我们看到，宝宝先是伸出手去，碰碰勺子，玩一下，然后，很快便"失去"了兴趣。接着，在仔细权衡妈妈的感受之后，他的兴趣重新燃起。不过，直到他真的把勺子放进嘴里啃咬过后，他才放下心来，不再忐忑。

如果新情况出现时妈妈正好在场，那么，宝宝首先会征求你的意见。所以，你要清楚哪些东西宝宝可以碰，哪些不能。最简单的办法往往就是最好的办法。那就是，宝宝周围绝对不能放不让他拿也不能放进嘴里的东西。你看，宝宝正试图理解你决定背后的原则，这样，才能预测什么是可以干的，什么是不可以的。等他再大一点儿，语言就派上用场了。你可以跟他说什么东西"太尖了""太烫了",或者你可以用其他方式提醒他哪些东西对身体来说很危险。你一定有办法让他知道,你洗衣服时放在一边的戒指不是给他玩的。

你注意到了吗?宝宝一开始对什么可以碰、什么不能碰不是很清楚。在此,妈妈可以伸出援手。这个不难。你只要知道什么不能碰,以及为什么不能碰就够了。记住,你在现场的身份是"预防者",而不是"纠正者"。此外,要留意宝宝喜欢玩什么、喜欢嚼什么,然后给他就好。

还有一件事情值得一提。我们可以从技能的角度来讨论我们所看到的东西。我们看到宝宝学着伸手、学着找东西、学着抓东西、学着把东西放进嘴里。当一个六个月大的宝宝完成整套动作时,我都感到非常惊讶。然而,一个十四个月大的宝宝则完全不同,他兴趣太广,很难像十个月大的宝宝那样让人一眼看透。

但是,我觉得,通过对宝宝的观察,我们得出了一个宝贵的结论。那就是,宝宝不仅仅是一个血肉之躯,还是一个有血有肉的人。

处在不同年龄段的宝宝都会发展不同的技能,将这些记录下来十分有趣。除了技能以外,还有游戏。游戏表明,宝宝已经在体内开发出一些称之为游戏的素材。那是一个充满想象的生动活泼的内部世界,也是宝宝玩耍所要表达的内容。

婴儿充满想象力的生活丰富了身体体验,同时,也因身体体验而变得丰富多彩。可谁知道这一过程始于什么时候？三个月大的宝宝吃奶时可能想把一根手指放在妈妈的乳房上，玩喂妈妈吃奶的游戏。可谁又知道出生后头几周是什么情况？一个小宝宝可能一边吃着奶（或者奶瓶），一边想着吸吮拳头或手指（正所谓，鱼和熊掌，一样不落）。这表明，除了填饱肚子，小宝宝还有别的需求。

那么，我写这些又是给谁看的呢？妈妈一开始就毫不费力地在宝宝身上看到了一个"人"的存在。可是，总有人说，六个月以前的宝宝不过是一个肉体加上一堆神经，仅此而已。千万不要让这些人败坏了大家的兴致。

妈妈可以尽情地享受发现宝宝之所以为"人"的过程，因为宝宝确实也需要妈妈这样去做。所以，妈妈不要着急，不要慌乱，不要烦躁，而要静静等待宝宝的玩兴上来。宝宝的玩兴恰恰表明其个人内心生活的存在。如果妈妈恰好也有类似的玩兴，那么，宝宝内心的丰富情感就会绽放出来。因此，妈妈和宝宝一起玩耍的经历便成了母子关系中最亮丽的一笔。

第十二章 断奶问题

迄今为止，你们对我已经很了解了，不会指望我告诉你们如何断奶或何时断奶。断奶的办法何止一种，你完全可以从卫生巡访员或诊所那里得到良好的建议。我想从大众的角度来谈谈这个问题，帮你看看自己的断奶方法究竟如何。

事实上，大部分妈妈都没有遇到什么困难。为什么呢？

主要是前期喂奶工作进展顺利，宝宝真的有东西要断。你总不至于让人断了不曾拥有的东西吧。

我清楚地记得，小时候，家人让我尽情地享用奶油木莓子。那是一次美妙的经历。如今，与吃木莓子相比，我更喜欢回忆那段经历。说不定，你也记得类似的事情。

所以，断奶的基础是以前有过良好的喂奶体验。一般而言，在九个月的哺乳期内，宝宝吃奶的次数有一千多次，这给了他很多美好的回忆或做美梦的素材。但是，关键不在于哺乳的次数，而在于宝宝和妈妈在哺乳期间相处的方式。就像我常说的那样，正是妈妈对宝宝需求的及时满足才使得宝宝萌生了

"世界是个好地方"的想法。只有世界向婴儿敞开心扉，婴儿才能投入世界的怀抱。妈妈一开始主动与宝宝合作，自然会换来宝宝与妈妈的配合。

如果你和我一样相信宝宝生来就是有想法的人，那么，你就会知道，喂奶时间是相当糟糕的一段时间，因为它打断了宝宝宁静的睡眠或清醒的沉思。此外，宝宝的本能需求通常很猛烈，也很吓人。起初，在宝宝眼里，它们甚至危及他的存在。当饥饿袭来，宝宝感觉自己像被饿狼附身了一样。

九个月后，宝宝对此早已习惯了。即使是本能占据了上风，宝宝也能镇定自若。宝宝甚至能渐渐意识到，冲动其实是一个生命的重要组成部分。

当我们研究婴儿是如何一步一步长大成人时，我们同样也看到，妈妈在安静的时候是如何慢慢被宝宝视为一个人的，一个魅力无穷的人，一个价值连城的人。因此，当饥饿袭来时，当婴儿意识到自己正无情攻击着的是同一个妈妈时，那种感觉有多么糟糕！怪不得婴儿常常会食欲不振。怪不得有些婴儿不能认可乳房是妈妈身体的一部分，硬要把乳房这个被无情攻击的对象与他们深爱着的完整而美丽的妈妈分开。

夫妻双方一旦争执起来，很难清晰地表达自己的想法，结果带来很多苦恼，甚至导致婚姻失败。在这方面，正如在其他方面一样，事情最终能否走上健康的轨道完全取决于双方是否在平凡的好妈妈的帮助下顺利度过婴儿期。这样的妈妈一不怕宝宝有各种想法，二不怕宝宝冲她乱发脾气。

或许，这下你明白了为什么母乳喂养对妈妈和宝宝来说真的是一种丰富的体验。当然，这一切都可以通过人工喂养来完成。而且，人工喂养有时反而更好，对婴儿来说更容易接受，因为人工喂养并不那么令人兴奋。然而，母乳喂养的顺利进行和成功结束为生命打下了良好的基础，给人带来了丰富的梦想，让人勇气倍增，敢于冒险。

俗话说，"天下没有不散的筵席，美好的事物终将走向终结"，而终结成全了事物的美好。

在上一章里，我描述了一个抓勺子玩的婴儿。他拿起勺子，放进嘴里，玩完以后，把它扔掉。所以，"终结"这个概念有可能源自婴儿期。

很明显，七到九个月大的宝宝已经开始玩扔东西的游戏了。"扔东西"是一个重要的游戏，可有时也特别气人，因为总得有人不厌其烦地把宝宝扔掉的东西捡起来。即使在大街上，当你从商店里出来时，你会发现，宝宝已经把一个泰迪熊、两只手套、一个枕头、三个土豆和一块肥皂从婴儿车里扔到了人行道上。也许，有人正忙着把东西捡起来呢。很显然，这正是宝宝想看到的一幕。

到九个月大时，大部分宝宝都会扔东西，他们甚至可以自行断奶。

断奶的真正目的是利用宝宝逐渐发展起来的扔东西的能

力，让断奶变成一种常规的事情。

然而，我们必须问这样一个问题：为什么宝宝一定要断奶？为什么不能一直吃下去？好吧，我想，我不得不说，永远都不断奶未免有些感情用事，而且也不现实。断奶的愿望必须来自妈妈。妈妈必须有足够的勇气去忍受宝宝的愤怒以及随之而来的可怕想法，然后，为美好的哺乳过程画上一个圆满的句号。毫无疑问，哺乳成功的婴儿愿意在适当的时候断奶，特别是，只有在断奶之后，婴儿才能体验更多的东西。

通常，当断奶时机来临时，妈妈应该早已为宝宝添加辅食了。你会喂他一些固体的食物，比如面包干之类的东西，让宝宝咀嚼，你也会用浓汤之类的食物替代母乳。你还可能发现，宝宝拒绝任何陌生的食物。不过，只要你耐心等待，然后再次尝试同样的食物，宝宝可能会欣然接受。一般来说，不要一下子彻底断奶。如果因为疾病或其他原因不得不一下子彻底断奶的话，那么，麻烦事就会接踵而至。

如果妈妈知道断奶的反应非常复杂，那么，你自然会避免在断奶期间把宝宝交给别人照顾。如果在断奶的同时正好赶上搬家或者去陪姨妈小住，那将是一件很遗憾的事情。如果你能为断奶提供一个稳定的环境，那么，这将成为孩子成长过程中的一种经历。如果你做不到这一点，那么，断奶可能意味着麻烦的开始。

还有一件事情。你可能很容易发现，孩子白天断奶时一切正常。可是到了晚上最后一餐时，也许母乳喂养是一个不错的选择。的确，宝宝在一天一天长大，然而，你发现他成长的步伐并非总是一直向前。如果宝宝的举止与年龄相仿，你一定会十分高兴。有时，他的举止甚至像个小大人似的。不过，偶尔他也会变回婴儿，甚至变回一个小婴儿。这时，妈妈一定要主动适应这些变化。

比如，你的"大男孩"全副武装，勇敢地与敌人作战。与此同时，他向每个人发号施令。可是当他站起来时，头不小心撞上了桌子。这时他一下子变回小婴儿，把头靠在你的腿上哭泣。通常妈妈对此早有准备，知道一岁的宝宝有时表现得像半岁的婴儿似的。这些都是一个合格母亲育儿工作的一部分。也就是说，你知道宝宝在特定时刻表现得像多大孩子的样子。

也许，你会在白天断奶，到了晚上又恢复母乳喂养。不过，宝宝迟早是要彻底断奶的。如果你目标非常明确，宝宝断奶就不会太难。如果你自己都拿不定主意，那么，断奶过程会很艰难。

现在，让我们来看看，当你决心给宝宝断奶时，会遇到什么样的反应。正如我前面所说，宝宝也许会自行断奶，所以你根本没有遇到任何麻烦。此时，你要关心的只是宝宝的胃口是否正常。

如果断奶是在一个稳定的环境中逐步进行的，那么，一般不会有特别的麻烦。婴儿显然很喜欢这种新的体验。但是，我不希望你认为断奶出现反应（甚至是严重反应）是什么奇怪的事情。原本一直表现很好的宝宝可能会丧失食欲，痛苦地拒绝进食，或者通过烦躁和哭闹表达食欲。在这一阶段，强行喂食是有害的。在宝宝看来，目前一切都变坏了，这一点无法回避。你要做的就是耐心等待，等待宝宝逐渐恢复进食的那一刻。

也许，婴儿开始尖叫着从梦中醒来，你只需要帮助他慢慢从睡眠中清醒就好。也许，事情进展得很顺利，但你却发现孩子变得很伤感，哭声中出现了新的腔调，这种腔调也许还会转化成音符。孩子体验一下悲伤情绪未必是坏事。不要以为孩子伤心了就必须抱起来晃来晃去，直到他破涕为笑为止。孩子伤心，肯定是有理由的。只要你耐心等待，伤心很快就会过去。

宝宝在断奶期间有时会很难过，因为新的环境让他感到愤怒，而且，原本美好的东西遭到了破坏。在宝宝的梦中，乳房不但不再美好，还常常遭到嫌弃。因此，乳房变成了坏东西，甚至是危险的东西。正因如此，那个给出毒苹果的坏巫婆在童话中才有一席之地。对刚断奶的婴儿来说，好妈妈的乳房变坏了。因此，要给他一定的时间进行恢复和调整。但是，平凡的好妈妈不会推脱责任。通常，在二十四小时之内，她必须做几分钟的坏妈妈，对此，她早已习惯了。过不了多久，她又变成了好妈妈。等孩子长大了，真正了解了妈妈，就会发现，妈妈既不是理想中的妈妈，也不是遭人痛恨的坏巫婆。

因此，从广义上讲，断奶不仅仅是让婴儿吃到其他食物，会使用杯子，或者会用手吃饭，断奶还包含了醒悟的过程，而这恰恰是父母任务的一部分。

　　普通的好父母并不想让孩子崇拜自己。他们一会儿被理想化，一会儿又被妖魔化。他们默默地忍受着这一切，只是希望有一天孩子能把自己当作普通人来看待。

第十三章 再谈把宝宝当作一个人

人类的发展是一个连续不断的过程，主要表现在身体的发育、人格的发展以及人际交往能力的培养上。错过或者破坏任何一个发展阶段，都会产生不良后果。

健康指的是成熟，即什么年龄做什么事情。如果说某些偶发的疾病被忽略了，那也只是身体层面。可是从心理学层面讲，健康和成熟其实指的就是同一件事。换句话说，人类的情感在其发展过程中如果没有受到干扰或扭曲就是健康的。

如果我说得没错，这就意味着，父母对婴儿的照顾不仅仅是给自己带来快乐，给孩子带来快乐，同时也是不可不做的事情。否则，婴儿就不大可能成为一名健康有用的成年人。

从身体层面来讲，我们在养育孩子的过程中可能会犯一些错误，从而会出现患有软骨病或弓形腿的孩子。然而，从心理层面上来讲，如果婴儿被剥夺了一些非常普通却十分必要的东西，比如，亲密的身体接触，那么，他的情感发展在某种程度上必然会受到干扰，并在成年之后遭遇心理问题。另一方面，孩子在成长过程中会经历各个阶段错综复杂的内部发展，最终获得人际交往能力。此时，父母就会知道，他们的精心养育没有白费。这对我们所有人来说都有着不同寻常的意义。也就是说，每一个成熟健康的成年人都应该认识到，我们的生命之所以有一个良好的开端，是因为有一个人做出了巨大的奉献。下面我要说的就是这个良好的开端，即儿童养育的基础。

我们的人生故事并非是从五岁、两岁或六个月才开始的，而是从一出生就开始了，甚至从出生前就开始了。每个婴儿从一开始就是一个人，需要有人知道他，当然没有谁比妈妈更了解自己的宝宝了。

有鉴于此，接下来应该说点儿什么呢？心理学能告诉我们如何成为合格的爸爸妈妈吗？我认为此路不通。相反，我们应该好好研究父母平常是如何育儿的，并为其揭示背后的原因。这样，他们在未来的育儿道路上会信心倍增。

下面，请让我举两个例子。

这里说的是妈妈和女婴的故事。当妈妈抱起宝宝时，她会怎么做呢？她会抓起宝宝的脚，把她从婴儿车里拽出来，抛到空中，还是一手夹着香烟，一手抓着她呢？都不会。她有自己与众不同的做法。我想，在靠近宝宝之前，她通常会先发出某个信号。接着，她搂着她，整理就绪之后，再把她抱起来。实际上，她是先得到了女儿的配合，然后才把她抱起来的。接着，她把她从一个地方抱到另一个地方，从小床上抱到自己的肩膀上。她让宝宝贴在自己身上，让她把头依偎在自己的脖子上。难道不正是妈妈这样的举动才让宝宝觉得自己是个人的吗？

下面说的是妈妈和男婴的故事。她是怎么给宝宝洗澡的呢？她是把宝宝直接扔进电动洗衣机里，让清洁过程自动完成吗？绝对不是。妈妈知道洗澡时间对她和宝宝来说都是一个非常特别的时刻，她打算好好享受一番。一切准备工作都做得十分到位。她用手肘测试水温，注意不让抹了香皂的宝宝从手中滑落。但最重要的是，她让洗澡成为一种享受。这不但丰富了自己和宝宝的成长经历，同时也丰富了二人之间的亲情关系。

妈妈为什么这么愿意为孩子操心？能不能将其归结为一个简单的"爱"字？是因为她内心油然而生的母性情感吗？是因为她的全心投入使之对孩子的需求有着深刻的理解吗？

让我们回到妈妈抱宝宝这件事情上来。能不能说，妈妈其实并没有特意去做什么，她只是做了不同阶段自己应该做的事情？总之，她是通过以下方式使得小女儿乐意让她给抱起来的。

1. 给婴儿发出预警信号；

2. 得到她的同意与合作；

3. 把一切准备就绪；

4. 带她从一个地方到另一个地方，而且，目的非常简单，就是要让婴儿明白妈妈在做什么。

另外，妈妈还尽量避免用冰凉的手去触碰宝宝，或者尽量不要在夹尿布时刺伤宝宝。

妈妈不会把宝宝牵扯到自己的个人经历和感受当中。有时，宝宝会大喊大叫，像杀猪般号叫。但是，她依然会小心翼翼地将她抱起，丝毫没有报复她的意思。她尽量避免让宝宝成为自己冲动的牺牲品。说白了，婴儿护理，就跟行医一样，都是对人可靠性的考验。

今天可能是所有坏事都赶到一块儿的一天。清单还没列好，洗衣工就来电话催了；前门的门铃响了，可不知道谁却到了后门。此时的妈妈会先待一会儿，等自己恢复平静之后再去抱宝宝。她会和往常一样轻轻地把宝宝抱起来，这也是宝宝认识妈妈的一个原因。妈妈的技能十分特别，是宝宝寻找和识别她的重要标志，就像她的嘴巴、眼睛、肤色和气味一样。妈妈一次又一次地认真处理自己生活中的焦虑和兴奋情绪，只把属于宝宝的那部分留给宝宝。宝宝就是在这个基础上开始理解母子之间这个极端复杂的关系的。

可以说，为了积极适应宝宝的需求，妈妈一直都在调整自我，以便宝宝能很好地理解自己。这种积极适应的姿态对婴儿的情感发展至关重要，尤其是在一开始的时候，因为那时的婴儿只能领会最简单的东西。

尽管篇幅所限，但是，我必须在此简要说明一下为什么妈妈如此费心劳神且无怨无悔。其中一个原因是，有些人真的相信并且告诉妈妈，在孩子出生后的头六个月里，妈妈是可有可无的。他们说，在头六个月里，只有哺乳方法才是重要的。而这种方法，无论是在医院还是在家里，都可以由训练有素的护理人员来提供。

在我看来，尽管育儿法可以在课堂上学习，也可以在书本里读到，但养育自己的宝宝完全是妈妈个人的事情，这项工作无人能够替代，也无人能做得像妈妈那样好。当科学家面对这个问题时，他们必须先找到证据，然后才能相信。但是，妈妈们不用。她们始终相信宝宝一开始就需要她们。我不妨补充一句，这个观点既不是基于妈妈的陈述，也不是凭空猜测或纯粹的直觉，它是我经过长期研究得出的结论。

妈妈之所以不怕麻烦，是因为她觉得（我发现妈妈的这个感觉很准）宝宝要想得到健康充分的发展，一开始就应该有专人负责。如果可能的话，这个人最好是婴儿的亲生母亲，因为只有她才会对宝宝产生浓厚的兴趣，时时事事为宝宝着想，并且愿意让自己成为宝宝的整个世界。

不过，这并不是说几个星期大的婴儿也能像六个月或一岁的婴儿一样认识自己的妈妈。在出生后的头几天里，婴儿只能感知到妈妈的养育模式和技巧，以及乳头的细节、耳朵的形状、微笑的样子、呼吸的温暖和气味等。婴儿在很小的时候可能在某些特定时刻对妈妈的完整性有一种模糊的概念。然而，除了这些感知以外，婴儿还需要妈妈作为一个完整的人随时出现在他的身边，因为只有一个完整而成熟的人才具备育儿任务所需的爱与特性。

我曾斗胆说过："世界上没有婴儿这种东西。"我的意思是说，当我们去描述一个婴儿时，我们描述的是一个与别人在一起的婴儿。婴儿是无法单独存在的，从本质上讲，他是某种关系的一个有机组成部分。

所以，妈妈也必须被考虑在内。如果她和宝宝的关系中断了，那么，就失去了一些无可挽回的东西。可是，我们对妈妈角色的理解实在是太有限了。我们总以为，把宝宝从妈妈那里带走，几周后再还给她，她马上就可以和宝宝"再续前缘"，即再续中断的关系。

下面，我想说明一下宝宝真正需要的是一个什么样的妈妈。

首先，我想说的是，宝宝需要的妈妈是一个活生生的人。宝宝需要感受到妈妈皮肤和呼吸的温暖，必须能看到她，能品味她，这一点极为重要。宝宝必须能全面接触妈妈充满活力的身体。没有妈妈鲜活的存在，再专业的育儿方法也派不上用场。这和当医生是一样的。一个村子里的全科大夫最重要的是他还活着，能随叫随到。村民知道他的车牌号码，也认得出他戴帽子的背影。学医花费了他多年的时间，学费也耗光了他父亲的全部积蓄，但真正重要的不是他的学识和技能，而是村民们知道，也感觉得到，他还好好地活着，随时都能找到他。可见，医生的生理存在满足了村民的情感需要。医生如此，妈妈也一样，只是有过之而无不及。

如此一来，对婴儿的生理护理和心理护理就结合起来了。记得在第二次世界大战期间，我曾经和一群人讨论过饱受战乱的欧洲儿童的未来。他们征询我的意见，问我："战争结束后，应该如何对这些儿童进行心理干预？"我答道："给他们吃的。"有人马上说："我们说的不是身体方面的事情，而是心理方面的事情。"可我依然觉得，在孩子们饥饿的时候给予他们食物，就是在满足他们的心理需要，而满足生理需求就是爱的最根本的表达。

当然，如果身体护理意味着给宝宝接种疫苗，那就和心理学没有什么关系了。宝宝不会因为你试图预防天花在社区蔓延就能领会你的良苦用心。当然，给他扎针时，他还是会哇哇大哭的。然而，如果身体护理意味着在合适的时间以合适的温度提供合适的食物（我的意思是，从宝宝的角度来看），那么，身体护理同时也是心理护理。我认为，这个原则非常实用。只要是宝宝愿意接受的护理方式，都能同时满足其生理需求和心理需求，不管这种方式看起来与生理需求有多大的关系。

从这个角度来说，妈妈的鲜活存在和生理护理为宝宝的早期情感发展提供了一个不可或缺的心理环境和情感环境。

其次，宝宝需要的妈妈是一个能将他引入这个世界的人。宝宝是通过妈妈或其他护理人员初步接触外在现实和周围世界的。尽管人一辈子都要和这个难题纠缠下去，但是，在生命之初，宝宝还是特别需要帮助的。在此，我要专门解释一下，因为很多妈妈可能从来没有从这个角度思考过喂养问题，更不用说医护人员了。这就是我想表达的意思。

假设有一个从未有过进食经历的宝宝。当饥饿来临时，他开始在大脑里想象。出于本能，他要创造出一个能让自己满足的东西来。可是，由于先前没有经验，他根本想象不出那个东西究竟是什么。假如这时妈妈的乳房出现了，并停留了很长时间，让宝宝通过嘴、手或者嗅觉去充分感受，那么，可以说，宝宝终于"创造出"了他期待已久的那个东西。宝宝最终会产生错觉，认为这个真正的乳房是出于需求、贪婪和爱的原始冲动而创造出来的。宝宝会将乳房的样子、味道和气味都牢记于心。而且，用不了多久，他就能在大脑里创造出类似乳房的东西来。宝宝在断奶之前有一千多次的哺乳体验，他也正是通过一个女人提供的这种特殊方式来接触外在现实的，而这个女人就是妈妈。在这一千多次的体验中，宝宝始终有一种感觉，即想要的东西都能创造出来，而且还是手到擒来。宝宝因此产生了一种信念，即这个世界能够满足自己的所有需求，所以，他希望内在现实和外在现实之间、内在的原始创造力与人类共享的大千世界之间存在着一种活生生的关系。

成功的婴儿喂养是婴儿教育的重要组成部分。同样，婴儿需要妈妈接受他的排泄方式。不过，这一点我不打算在此展开。婴儿需要妈妈通过接纳其排泄方式来接纳彼此之间的关系，而这种关系在婴儿有意识地做出努力、在其开始（可能在三个月、四个月或六个月大时）出于内疚（因为贪婪地"袭击"妈妈）想补偿妈妈之前，就已经全面展开了。

此外，我还想加上第三点，这一点只需要妈妈一个人来完成，不需要一个优秀的护理团队。我把妈妈的这项工作称为"唤醒"或"幻灭"的过程。当她给宝宝一种幻觉，认为世界可以因需要和想象创造出来（当然，从某种意义上来说，这是不可能的。不过，这个问题还是留给哲学家吧），当她建立起被我描述为健康发展基础的事物和人的信念时，她将不得不带着宝宝经历一个"幻灭"的过程。这是一种广义上的断奶。对孩子来说，最接近现实的是，成年人希望将现实的要求变得可以忍受，直到幻想破灭，直到创造力可以通过成熟的技能发展成为对社会的真正贡献。

在我看来，"囚室的暗影"（出自华兹华斯的诗作《颂诗：不朽的暗示》，译者注）是诗人对幻灭过程及其痛苦的描述。渐渐地，妈妈让孩子认识到，尽管这个世界可以提供给我们想要和需要的东西，尽管有些东西可以因此被创造出来，但是，这一切都不会自动出现，更不会随着人们的性情和意愿随时到来。

你注意到我是如何从"需要"的概念逐渐转变为"愿望"或"欲望"的概念了吗？这种变化表明，孩子在慢慢长大，在慢慢接纳外在现实，在慢慢减弱其本能的需求。

为了便于照顾孩子，妈妈一开始几乎是把自己装在了他的口袋里。然而，孩子最终能够摆脱早期的依赖（那时，一切都要为自己让路），能够接受两种共存的想法，即妈妈的想法和自己的想法。但是，除非妈妈一开始就成为孩子的整个世界，否则，她无法从孩子的世界里完全抽身（断奶、幻灭）。

我的意思并不是说，母乳喂养失败了，宝宝的一生就毁了。当然，娴熟的人工喂养技能也可以让宝宝茁壮成长。奶水不足的妈妈也可以通过人工喂养为宝宝提供几乎所需要的一切。然而，我们的原则是，婴儿最初的情感发展只能建立在与一个人的良好关系之上。在理想状态下，这个人应该是亲生母亲。试想一下，除了亲生母亲以外，有谁既能感受到宝宝的需求，又能满足他的需求？

第十四章　宝宝的天赋道德

　　有一个问题迟早会摆在桌面上。那就是，父母应该在多大程度上把自己的信仰和价值观强加给成长中的孩子？通俗地讲，我们这里所关心的是"训练"二字。说到"训练"，这也正是我接下来要谈论的问题，就是如何让孩子变得乖巧、整洁、听话、友善、合群、品德高尚等。我本来还想加上"快乐"二字，但是快乐是训练不出来的。

　　"训练"这两个字在我看来似乎跟养狗有关。狗的确需要训练，而我觉得我们真的能从狗身上学到一些东西。比如，要是主人是一个有主见的人，那么，狗也会比较开心。孩子也一样，他们也希望自己的父母是有主见的人。可是，狗不需要"长大成人"。所以，在谈到孩子时，我们必须从头开始，而最好的办法是看看我们能在多大程度上完全忽略"训练"二字。

　　有人认为，和其他事情一样，只要条件成熟，婴儿和小孩子自然就会形成善恶是非的观念。其实，这种说法有待商榷。当然，事情远非想象得那么简单。从原始冲动、无法无天到循规蹈矩、适应环境是一个相当复杂的过程。我无法准确地告诉你这个过程究竟有多么复杂，我只能说这样的发展需要时间。只有当你觉得这个事值得一做，才会创造条件促使事情的发生。

我这里谈的仍然是婴儿。可是，要想用婴儿的术语来描述头几个月里发生的事情谈何容易。为了便于理解，我们先来看一个五六岁的小男孩画画的例子。假定他对正在发生的事情心知肚明，但实际上他并不清楚。他要画画。如何画呢？首先，他要有画画的冲动，无非是乱写乱画一气。可这哪儿是画啊，除了保持原始的冲动，他还想表达自己的想法，而且还希望他的表达方式能够得到别人的理解。如果他真的可以完成一幅画作，那就说明他找到了一系列令他满意的"控制开关"了。比如，首先，他要选一张合适的画纸，这张画纸要满足他对尺寸和形状的要求。接下来，他要把从练习中得来的技巧发挥出来。当然，他还知道画面要有平衡感，比如，房屋两边都要有树。这是他对公平需求的表达，而这一点很可能是从父母那里学来的。画面上的兴趣点要平衡，明暗配色也要平衡。整个画面必须趣味盎然，同时，还必须有一个主题把所有内容串联起来。借助这个自我强加的控制系统，小男孩试图将自己的最初想法原汁原味地展现出来。瞧，仅仅描述这一场景就已经几乎让我喘不过气来。可是，只要你给孩子一丁点儿机会，他们就会轻而易举地实现自己的梦想。

当然，正如我前面所说，这个五六岁的小男孩根本不知道事情发生的经过，所以，也就无法用自己的言语表达出来。婴儿更是如此，更不知道自己的内心深处究竟发生着什么。

婴儿和这个小男孩十分相似，只不过，一开始婴儿的表达更加晦涩难懂。画作实际上并没有完成，根本也算不上什么画作。但是，这已经是婴儿对社会做出的小小贡献了，而且，也只有明察秋毫的妈妈才能够欣赏。婴儿的一个微笑足以把这一切都涵盖在内。一个笨拙的手势或者一个吮吮的声音足以告诉妈妈他准备进食了。也许，一个呜咽的声音就能让敏感的妈妈知道宝宝要排泄了。要是不能及时赶到他的身边，后果不堪设想。这就是合作精神和社会意识的发端，值得大人为之付出所有努力。很多孩子本来夜里可以起来方便，这样就能省去大人不少麻烦。可是，他们还会继续尿床，而且一尿就是好几年，这是因为他们要在夜里重新回到婴儿期，重温小时候的经历，试图发现并弥补那些失去的东西。在这种情况下，所谓失去的东西，指的就是妈妈对宝宝发出的兴奋或痛苦信号的敏感程度，因为只有妈妈对这些信号足够敏感，才能及时做出正确的反应，毕竟只有妈妈才能参与这一切。

婴儿需要把自己的身体感受与母爱联系起来。同样，他也需要这种关系去克服自己的恐惧心理。这些恐惧从本质上来说是原始的，是基于其对残酷报复的预期。婴儿兴奋时便有了攻击性和破坏性的冲动或念头，具体表现为大声尖叫或想咬人。在他眼里，外部世界似乎顿时充满了咬人的嘴巴、恶毒的牙齿、仇恨的利爪以及各种各样的威胁。所以，如果没有妈妈的保护，如果没有她及时消除他小时候的恐惧感，那么，婴儿的世界将变成一个非常恐怖的地方。妈妈（还有爸爸）以人的面貌出现，改变了婴儿恐惧的性质，让他渐渐地把妈妈和其他人都当成人类来看待。这样一来，世界便不再是一个充满报复的所在，而婴儿也得到一个善解人意的妈妈，一个能对他的冲动做出及时反应的妈妈，一个能忍受伤害或愤怒情绪的妈妈。当我这样说的时候，你马上就能看出，报复的力量能否变得人性化，对婴儿的影响十分巨大。首先，妈妈知道，"实际破坏"和"破坏意图"之间是有差别的。所以，当宝宝咬她时，她会发出"哎哟"的声音。但同时，她并没有因意识到宝宝要"吃了自己"而失常。事实上，她觉得这是一种恭维，是宝宝表达激动之情的方式。当然，妈妈也不是说吃就能吃掉的，叫一声"哎哟"也只是因为她觉得有点儿疼而已。宝宝的确会咬伤乳房，如果宝宝不幸出牙太早，更是如此。然而，妈妈确实也都挺过来了，从而让宝宝在心理上感到了安慰。你也可以给宝宝一些较硬的东西，一些咬不坏的东西，像拨浪鼓或磨牙环等，让他一次咬个够。

在生命的早期阶段，积极适应环境或储存良好体验作为一种自身素质便在婴儿经验的宝库中逐渐形成，而且，起初与其自身的健康状态很难分开。当婴儿一次次意识到环境变化无常时，储存良好体验便成了一个与意识无关的过程。

有两种方式可以让孩子了解清洁和道德的标准。慢慢地，还可以让他们了解宗教信仰和政治信仰。一是父母强行灌输，逼迫婴儿或幼童接受，丝毫不考虑将其与孩子的人格发展结合起来。可悲的是，有许多孩子的确只接受过这种方式，其人格发展实在是不尽如人意。

二是允许并鼓励婴儿内在道德倾向的自然发展。作为母爱的表现形式，妈妈的敏感嗅觉使得婴儿个人道德意识的根基得以保存下来。我们看到了婴儿如何不愿意放过任何一次体验的机会。如果等待能给人际关系带来温暖，他们愿意等待，不会因原始乐趣得不到满足而感到遗憾。我们也看到了妈妈如何为婴儿的日常活动和暴力行为提供一个爱的框架。在整合过程中，攻击和破坏的冲动与给予和分享的冲动相互关联，相互抵消彼此的影响。可是，强制训练则无法利用孩子的这个整合过程。

我在这里描述的实际上是孩子逐渐形成的责任感，其基础是负疚感。这里的环境要素是母亲或母职人物在一段时间内的持续存在，从而使孩子能容纳自己性格中的破坏成分。这种破坏性越来越成为客体关系体验中的一个特征。我所指的发展阶段是从六个月一直持续到两岁。在这之后，孩子把"摧毁"和"热爱"同一件事物的概念成功地融合起来。在此期间，孩子特别需要妈妈，需要妈妈的持续存在。妈妈既充当了环境，又充当了客体，一个宝宝热爱着的客体。孩子逐渐把妈妈的这两方面融合在一起，可以在爱妈妈的同时，向妈妈发泄情绪。这让孩子陷入一种特殊的焦虑，即负疚感。随着时间的推移，孩子慢慢能够容忍源自本能经历中破坏因素的焦虑感或负疚感，因为他知道将来总有机会对其进行修复和重建。

与父母强加的标准相比，这种平衡能给人带来更为深刻的是非观念，而这得益于妈妈用爱为孩子营造了一个可靠稳定的养育环境。可以看出，假如妈妈不得不离开自己的孩子，或者生病了，或者心不在焉，那么，孩子很容易对环境的可靠性失去信心，继而会渐渐失去愧疚的能力。

我们不妨这样去想，孩子的心里住着这样一个好妈妈，她觉得在人际关系轨道上获得的任何经验都是一种幸福的成就。当这种情况开始发生时，妈妈会变得不再那么敏感了。同时，她可以开始强化和丰富孩子的道德感。

至此，文明再一次在一个新的人类心里生根了。父母必须提前准备一些道德准则，以备孩子长大以后探奥索隐。这样做的作用之一，就是将孩子自身极度严苛的道德观念（他的顺从是以牺牲自己的生活风格为代价的，对此，他十分憎恨）人性化。将严苛的道德观念人性化是一件好事，但切勿将其彻底扼杀。父母可能把平和与安静看得过于重要，这是可以理解的。的确，顺从可以得到即时的回报。然而，成年人极易把顺从错当成成长。

第十五章　孩子的本能与正常困难

说起生病，那些育儿方面的演讲和书籍很容易造成误导。此时，妈妈需要的应该是一名能为孩子查体看病、能和她讨论病情的医生。但是，普通健康儿童的常见问题则是另外一回事。而且，妈妈们也不能指望自己的孩子永远远离疾病，无忧无虑地成长。其实，指出这一点，妈妈们反而会觉得十分有用。

毫无疑问，即便是普通健康的孩子也会出现各种各样的症状。

究竟是什么给婴儿期和幼儿期的孩子带来了诸多麻烦？假设你的护理技术十分娴熟，并且始终如一，那么可以说，你已经为这名新的社会成员的健康打下了坚实的基础。可孩子为什么还会出现问题呢？我认为，答案主要与本能有关。接下来，我就想写写这件事情。

假设你的孩子此刻（或者是在你喜欢的某个安静时段）正静静地躺在那里睡觉，或者抱着什么东西，或者自己在玩儿。

你很清楚，即便是在健康的情况下，孩子也会反复出现兴奋状态。从一个角度来看，你可以说，孩子饿了，身体有需求了，或者本能使然。从另一个角度来看，你也可以说，孩子开始有了令人兴奋的想法。这些激动人心的经历在孩子的发育过程中发挥着非常重要的作用，促进孩子的成长，同时，也使得成长变成了一个十分复杂的问题。

兴奋时，孩子会有强烈的需求。通常这些需求可以得到满足。不过，有时需求确实很大，无法完全得到满足。

有些需求（如饥饿）已经得到普遍认可，很容易引起母亲的注意。然而，还有许多类型的兴奋或需求，其本质尚未得到广泛的认识。

事实上，身体的任何部位都可能在某个时刻兴奋起来。以皮肤为例。你一定见过孩子挠自己的脸，或者其他部位的皮肤；你也一定看到皮肤自身变得兴奋时，会长出疹子。某些部位的皮肤比其他部位更加敏感，在某段时期尤其如此。你不妨想想孩子的身体，想想不同部位的兴奋方式。当然，绝对不能忘了性。性对婴儿来说至关重要，它构成了婴儿期清醒生活的亮点。伴随着身体的兴奋会出现一些令人兴奋的想法。如果我说在婴儿发育良好的情况下，这些想法不仅与快乐有关，而且也与爱有关，你不会感到惊讶。渐渐地，婴儿成为一个有能力爱人的人，并且，作为一个人，也能得到别人的爱。婴儿与妈妈、爸爸以及周围的其他人之间有一种非常紧密的联系，那些兴奋就与这种爱有关，而这种爱也会周期性地以身体兴奋的某些形式变得异常强烈。

与原始的爱的冲动相伴的想法大都带有极大的破坏性，而且，也几乎都与愤怒有关。不过，如果这种活动能带来本能的满足，那么对婴儿来说也是不错的。

你可以很容易看到，在这些时期，不可避免地会有大量挫折，从而导致生气，甚至愤怒。所以，如果你时不时地看到一幅愤怒的画面，你不会认为婴儿生病了，因为你已经学会了区分愤怒、悲伤、恐惧和痛苦。盛怒之下，婴儿的心跳比以往任何时候都要快。事实上，真要仔细听的话，你会发现，每分钟多达二百二十下。愤怒意味着孩子已经发展到一定阶段，认为自己可以因某些事情跟某些人生气了。

每当情绪发展到一定程度时，就意味着要承担某种风险，而这些兴奋和愤怒的体验通常非常痛苦。所以，你会发现，你那个十分正常的孩子正设法回避激烈的情感。其中一个办法就是抑制本能，比如，婴儿变得无法将哺乳的兴奋充分发挥出来。另一个办法是只接受某些食物，拒绝其他食物。还有一个办法是让别人替代母亲喂养。如果你认识很多孩子，就会发现有很多不同。这并不代表孩子病了，而是孩子们正想方设法管理那些无法忍受的情绪。他们不得不避免一定数量的自然感觉，因为这些感觉过于强烈，或者完整的体验会带来痛苦的挣扎。

喂养困难在正常孩子身上十分普遍，妈妈为此不得不忍受几个月，甚至几年的失望，这都是常事。在这段时间里，妈妈的厨艺彻底浪费了。也许，孩子只肯吃普通食物，凡是为他专门准备的精美食物一概拒绝。有时，妈妈不得不允许孩子拒食一段时间，因为，在这种情况下，强行喂食只会招来孩子更猛烈的反抗。然而，如果妈妈等一等，不把它当回事，过些日子，孩子会自动恢复进食。不难想象，经验不足的妈妈遇到这种事情会多么焦虑。她需要医护人员反复告诉她，她没有忽视孩子，也没有伤害孩子。

婴儿会周期性地表现出各种各样的狂欢状态，不仅仅是哺乳狂欢。这些狂欢是自然而然的，对他们来说非常重要。其中，排泄过程就会令他们特别激动。而且，随着年纪的增长，性器官在特殊时候也会令他们兴奋异常。当然，我们很容易观察到男婴小鸡鸡的勃起反应，却很难知道女婴是如何感受性兴奋的。

顺便说一下，你会发现，婴儿起初对"好""坏"的看法与你的并不一致。比如，能给他带来兴奋和快感的粪便在婴儿眼里是个好东西，而且好到可以吃掉，可以抹到小床上，可以抹到墙上，甚至可以抹到自己嘴上。这在你眼里可能是一件恶心的事情。不过，由于很自然，所以，你也不会过于在意。于是，你会心安理得地等待文明情感的自动出现。婴儿的厌恶感迟早会出现。甚至，在一夜之间，一个曾经吃肥皂、喝洗澡水的婴儿一下子变得干净了。尽管几天以前他还在拿着粪便玩，并把它塞进嘴里，可是现在他拒绝一切看起来像排泄物的东西。

有时，我们看到年纪较大的孩子回到了婴儿状态。这说明，他们在成长的道路上遇到了障碍。孩子需要回到自己熟悉的婴儿期，为的是重新行使婴儿的权利，重建自然发展的法则。

妈妈眼睁睁地看着这一切发生。而且，作为妈妈，她们也确实在其中发挥了一定的作用。不过，妈妈倒是宁愿看着孩子自然稳定地发展，也不愿意把自己的是非观念强加给他们。

试图把是非观念强加给婴儿的一个问题在于，它将被婴儿的本能彻底摧毁。兴奋的体验瞬间会瓦解婴儿通过顺从获得爱的努力，结果，婴儿非但没有变得强大，反而变得沮丧。

正常的孩子不会刻意压制强烈的本能，因此，常常会受到干扰，而这在无知的观察者眼里便成了不良症状。我前面提到过愤怒这种情绪。乱发脾气和绝不妥协在两三岁的孩子这里是家常便饭。小孩子经常做噩梦，梦里常传来刺耳的号叫声，这让不明就里的邻居十分纳闷，还以为你深更半夜在搞什么名堂。事实上，孩子只是做了一个与性有关的梦而已。

小孩子并非只有在不舒服时才会怕狗、怕医生、怕黑，或者在黄昏时对声音、阴影和模糊的形状充满想象；他们并非只有在不舒服时才容易患腹绞痛，才会呕吐，才会兴奋得浑身发紫；他们并非只有在不舒服时才会在一两周内不理睬亲爱的爸爸，或者不和阿姨、阿婶打招呼；他们并非只有在不舒服时才会想到把刚出生的妹妹扔到垃圾桶里，或者疯狂虐猫以回避对新生儿的恨意。

你很清楚，干干净净的孩子如何瞬间变得脏兮兮的、湿漉漉的。实际上，在两岁到五岁这段时间里，什么事情都可能发生。你可以把这一切都归结于本能的作用，归结于本能带来的绝妙体验，或者归结于孩子的幻想引发的痛苦冲突，毕竟所有的身体反应都与想法有关。在此，让我补充一点。在这个关键时期，本能已不再只有婴儿化的特性了。如果我们还继续用"贪吃""乱拉乱尿"之类描述婴儿的词汇来谈论这些现象，显然是不够的。当一个三岁的健康孩子说"我爱你"时，这和相爱的男女或恋人之间的表白是一样的。事实上，这句话已经带有常规意义上的"性"的含义了，既涉及性器官，又包括恋爱中的青少年或成年人的性幻想。可以想象，这里边有一股巨大的暗流在起着作用。你所要做的就是保持家庭和谐，并做好充分的心理准备。随着时间的推移，一切也就解决了。当孩子长到五六岁时，会慢慢冷静下来，并一直持续到青春期。在这几年里，你可以放松一下，把部分责任和工作交给学校，交给训练有素的老师。

第十六章　幼儿与周围人的关系

　　婴儿的情感发展始于生命之初。如果我们要评判一个人与周围人相处的方式，看看他个性养成的过程及其生活方式，就不能忽略在他生命中最初几年、几个月甚至几周或几天里所发生的事情。当我们处理成年人的问题时，比如婚姻问题，我们当然会面临许多以后会产生的问题。然而，在研究任何一个个体时，我们不但要看他的现在，也要看他的过去；不但要看他成年人的情形，也要看他婴儿的经历。那些与性有关的感情和思想在很小的时候就出现了，远远早于祖辈心中的年龄底线。从某种意义上说，人类的所有关系在生命之初就已经开始了。

　　让我们看看孩子玩"过家家"时都发生了什么。一方面，可以肯定地说，游戏中有性的成分，只不过通常不是直接表现出来的。不难看出，游戏中有很多成年人性行为的符号，但我目前关心的不是这个。在我们看来，更重要的是，他们在游戏中也成了和父母一样的人。很显然，他们平时观察得很仔细。在游戏中，他们建造了一个家，布置房子，共同照顾孩子，并且，保持一个基本框架，让孩子在游戏过程中发现自己的主观能动性（因为，如果完全放任孩子，他们会因自己的冲动而感到恐惧）。我们知道，这些做法都是十分健康的。如果孩子能像这样一起游戏，以后就不用父母刻意教导他们如何建造一个家了，因为他们已经理解了家的本质。反过来说，如果孩子从未想过玩"过家家"的游戏，我们有可能在他长大以后教会他如何建造一个家吗？我想，可能性不大。

孩子们能够享受这些游戏，我们大人感到很高兴。这表明，他们能够认同家庭，认同父母，有着成熟的观点和责任感。但是，我们并不希望孩子一天到晚只会玩游戏。事实上，如果他们真的一天到晚只会玩游戏，那可真的该令人担忧了。我们倒是希望这些下午还在玩游戏的孩子到了茶点时间又变得贪吃，到了上床时间又会相互嫉妒，到了第二天早上又变得调皮捣蛋，肆无忌惮，因为他们毕竟还是孩子。如果运气好的话，他们会有一个真正的家。在这个家里，他们可以继续挖掘自己的天性和个性，并且像说书人一样，为自己突然冒出来的灵感而感到惊讶。在现实生活中，孩子们可以和自己的亲生父母互动；而在游戏中，他们则轮流扮演父母的角色。我们欢迎孩子们玩这类组建家庭的游戏，同时，也欢迎他们玩教师和学生、医生、护士和病人、司机和乘客等角色扮演游戏。

所有这些游戏都是健康的。然而，当孩子到了玩游戏的年龄时，不难理解，他们已经经历了许多复杂的发展过程，只是这些过程还没有真正完成而已。如果说孩子需要一个普通的好家庭来获得认同感，那么，他们还非常需要一个稳定的家庭和稳定的情感环境，让他们在早期阶段能有机会按自己的节奏自然稳定地发展。顺便说一句，父母没有必要知道孩子的所有心思，这就好比他们没有必要掌握解剖学和生理学的所有知识照样可以养育出健康的孩子一样。然而，重要的是，父母需要有一定的想象力，要认识到父母的爱不仅仅是一种本能，而且也是孩子在成长过程中绝对离不开的东西。

如果妈妈认为婴儿一开始不过是一堆生理结构和条件反射的组合物，那么，即便她的出发点是好的，也很难把婴儿抚养好。的确，婴儿会被喂养得很好，健康方面和发育方面都没有问题。但是，除非妈妈在新生婴儿身上看到了人性的存在，否则，婴儿的心理健康便无从谈起。只有心理健康达标了，孩子才能在日后的生活中拥有丰富稳定的个性，才能适应这个苛刻的世界，成为其中的一员。

问题是，妈妈天生就怕担当重大责任，所以，很容易去求助教科书或育儿指南。实际上，养儿育儿必须从心开始。也许应该说，育儿这件事情光靠头脑是不行的，必须全身心投入。

喂食只是妈妈让宝宝认识自己的方式之一，却是非常重要的一种方式。我前面写过，如果孩子一开始能得到精心喂养和悉心照料，那么，在他眼里，那个经典的哲学难题——出现在眼前的客体是真实的还是虚幻的——的答案便不言自明了。对他来说，客体是真实的还是虚幻的已经不那么重要了，因为他找到了一位妈妈，而这位妈妈非常愿意并坚持不懈地为他长期提供这种幻觉，从而大大缩小现实与虚幻之间的距离。

这样的孩子在他大约九个月大时就已经与外部建立了良好的关系，那个人就是他的妈妈，而这种关系能够帮助孩子承受各种困难挫折，甚至是分离带来的失落感。相反，如果妈妈十分粗心只是机械地给婴儿喂奶，根本没有主动适应婴儿需要的意识，那么，这对婴儿来说就非常不利。如果让这样的婴儿去想象出一个全心奉献的妈妈，那一定是一个虚构的理想化的形象。

不难发现，有的妈妈根本无法生活在婴儿的世界里，可婴儿必须生活在妈妈的世界里。从表面上看，这样的妈妈带出来的孩子可能发育不错。可是，等孩子到了青春期或是更晚的时候，便会突然发出抗议的吼声，其结果要么是精神崩溃，要么是桀骜不驯。

相比之下，那些想方设法主动配合的妈妈则为孩子提供了一个接触世界的基础。不仅如此，她还丰富了孩子与世界的关系。而且，随着时间的流逝，随着孩子日益成熟，这种关系能结出丰硕的果实。在婴儿和妈妈的早期关系里，还有一个不得不提的重要成分，那就是强大的本能驱力。如果婴儿和妈妈都能通过考验，那么，他们就会得知，本能的经历和兴奋的想法是可以存在的，而且，它们未必就会破坏安静的关系和友谊，也未必会妨碍他们之间的分享。

然而，我们不能轻易就说，每一个得到精心喂养和悉心照料的婴儿最终都会成为心理健康的人。即使早期的成长经历很好，所获得的一切也必须在成长过程中得到不断的巩固和加强。同样，我们也不能轻易就说，每一个在育儿机构里长大的婴儿，或是由缺乏想象力、不敢相信自己判断力的妈妈养大的婴儿，将来注定要进精神病院或少管所。事情远没有这么简单。我有意把问题简单化了，为的就是能把问题说得更加透彻一点儿。

我们已经看到，出生条件良好、从一开始就被妈妈当作一个人来看待的健康小孩不仅爱干净，性格好，而且还很听话。正常的孩子从一开始就对生命有着自己的看法。健康的宝宝常常也会有很严重的进食困难；他们也许在排泄问题上表现得抗拒而任性；他们经常大喊大叫以示抗议，或是踢妈妈，或是揪妈妈的头发，有的甚至还想把妈妈的眼睛挖出来。实际上，他们也挺讨厌。可是，他们会主动投怀送抱，大大方方，毫不吝啬。这无疑是对妈妈付出的一种回报。

不知何故，育儿书籍似乎更偏爱乖巧、听话、爱干净的孩子。然而，这些品质只有当孩子能够认同家庭生活中父母的一面、并逐渐发展起来时才有价值。这一点很像我前面描述的艺术成就，因为艺术成就的获得也是一个循序渐进的自然过程。

如今，我们常常提到适应不良的孩子。但是，孩子之所以会适应不良，是因为自他出生之日起，世界未能及时调整去适应他。婴儿的顺从是一件非常可怕的事情。这意味着，父母正在用高昂的代价来换取"便利"。不过，日后他们将不得不一次又一次地偿还这一代价。一旦他们负担不起，就要由社会继续偿还了。

在此，我想提一个问题，即母婴关系初期出现的一个困难。这一点与未来的妈妈关系密切。在宝宝出生时及之后的几天里，医生对妈妈而言非常重要，因为医生既负责婴儿的分娩，又负责妈妈信心的树立。此时，没有比让妈妈熟悉医护人员更为重要的事情了。不幸的是，我们不能假定在健康、疾病以及分娩方面如此专业的医生对母婴之间的情感纽带也同样了解。医生要学习的东西太多了，所以，不能指望他既是健康方面的专家，又是母婴心理方面的能手。因此，一个优秀的医生或护士很有可能在并无恶意的情况下干预了母婴初次接触这一微妙的问题。

妈妈确实需要医生和护士，需要他们的专业技术，同时，也需要他们创造条件帮助自己打消各种顾虑。在此，妈妈要有发现宝宝的能力及帮助宝宝发现妈妈的能力。不仅如此，她要有能力让这个过程自然而然地发生，而不是照搬照抄书本上的条条框框。妈妈不必为自己不是育儿专家而感到羞愧，在这一点上，医护人员可以助你一臂之力。

目前，有一种普遍的文化倾向，鼓励人们远离直接接触，远离临床实践，远离所谓通俗的做法。换句话说，就是鼓励人们远离真实自然、赤裸裸的东西，远离母婴身体接触和相互交流的做法。

婴儿早期的情感生活还以另一种方式影响其成年后的情感生活。我曾提到过本能驱力是如何从一开始就进入母婴关系的。伴随着这些强大本能的还有攻击性的成分以及由挫折引发的仇恨和愤怒。爱的冲动中的攻击性成分以及与之相关的其他因素使生活变得非常危险。正因如此，大部分人会变得小心谨慎。对这个问题进行深入探讨也许会给我们带来更大的收获。

应该说，最原始、最早期的冲动大都是无情的。如果说早期进食冲动中有破坏性因素，那么，一开始，婴儿是不会考虑后果的。当然，我谈论的只是想法，而非实际看到的进食过程。起初，婴儿是被本能牵着走的。渐渐地，他开始意识到，那个在兴奋的进食过程中攻击的东西是妈妈身上比较脆弱的一部分，而妈妈则是不同于自己的另一个人，是在兴奋和狂欢期间安静状态下的一个十分重要的人。兴奋的婴儿在幻想中猛烈攻击着妈妈的身体，尽管我们看到的攻击并不明显。随着进食带来的满足感，攻击也暂时停止了。每一个具体过程都因幻想而变得丰富。随着婴儿的成长，幻想稳步发展，变得明确而复杂。在婴儿的幻想中，妈妈的身体被撕开了。如此一来，里面的好东西就可以拿到，并补充到自己体内。因此，对婴儿来说，重要的是，要有一个长期照顾他的妈妈，而且，这位妈妈还必须能在他的攻击中幸存下来。这样，随着时间的推移，婴儿最终会对她产生负疚感，继而去关心她，去爱她。妈妈在婴儿的生活里一直就是一个活生生的人，这使得婴儿有可能发现那种与生俱来的负疚感（这是唯一有价值的负疚感），也是修复、重建和给予等冲动的主要来源。从无情的爱、侵犯性攻击、负疚感、忧虑感、伤感再到修复、建立、给予的欲望，这是婴儿期和幼儿期基本体验的自然顺序。然而，除非有妈妈或母职人物陪伴婴儿度过这些阶段，把各种元素整合起来，否则，一切都无法成为现实。

还有一种方式可以说明平凡的好妈妈为宝宝所做的一些事情。普通的好妈妈总是在不知不觉中轻而易举地帮助孩子把现实和想象区分开来，把丰富想象中的事实部分分拣出来。可以说，妈妈在这一问题上非常客观。就宝宝的攻击性而言，这一点尤为重要。妈妈会保护自己不被咬伤，同时，也会阻止两岁的孩子用小棍击打新生儿的头部。但是，与此同时，她也意识到，表现尚可的孩子同样具有真实惊人的摧毁性和攻击性想法。对此，她并没有感到恐慌。她知道，孩子的这些想法迟早会出现。所以，当它们渐渐出现在孩子的游戏中或梦里时，她也不会感到惊讶。她甚至还会给孩子提供相关的故事书或童话书，以便把孩子大脑中自发产生的这些主题延续下去。她不会试图阻止孩子拥有毁灭的想法。这样，她就能让孩子与生俱来的负疚感自然而然地滋生出来。是的，我们希望这种与生俱来的负疚感能随着宝宝的成长而自然出现。为此，我们愿意等待，而不会早早地用道德观念绑架孩子。

　　为人父母的日子注定是自我牺牲的日子。普通的好妈妈不用别人说就知道，在这段日子里，任何事情都不能打断母婴关系的连续性。可是，妈妈是否知道，在她自然而然地做着这一切的时候，她是在为孩子的心理健康奠定基础。此外，若是没有她一开始就费尽心思为孩子提供体验的机会，那么，孩子的心理健康便无从说起。

/ 第二部分 /

孩子与家庭

第十七章　父亲的作用

工作期间，我接待过许多母亲。她们有一个共同的问题，那就是，"父亲的作用是什么？"我想，大家都很清楚，在正常情况下，这取决于妈妈的所作所为，取决于爸爸是否了解自己的宝宝。爸爸很难参与到婴儿的抚养中去，其中原因很多。比如，宝宝醒着的时候，爸爸几乎都不在家。很多时候，即使爸爸在家，妈妈也很为难，不知道什么时候该让自己的丈夫上，什么时候该让他不要碍事。假如在爸爸回家之前就把宝宝哄睡了，事情就简单多了，就像在他回来前把衣服洗好、把饭做好一样。不过，想必你们中间的不少人都同意，夫妻每天分享一点育儿经验，对婚姻关系大有好处。这些经验在外人看来也许是傻得可笑，但是，对于夫妻双方和婴儿来说，却是极为重要的。随着孩子逐渐长大，从襁褓里的婴儿到学步的儿童，再到小小孩儿，成长中的细节越来越多，夫妻之间的感情也越来越浓。

据我所知，有些爸爸一开始在宝宝面前缩手缩脚，也有一些对宝宝从来都不感兴趣。但是，妈妈至少可以让爸爸帮点儿小忙。比如，在给宝宝洗澡时，让爸爸在一旁观察。而且，如果他愿意，也可以让他搭把手。正如我前面所说的，这在很大程度上取决于妈妈的所作所为。

我们不能轻易断定，让爸爸尽早参与进来在任何情况下都是好事，毕竟，人和人差别太大了。比如，有些男人觉得，换作他们是妈妈，会比妻子做得更好。这样的男人相当讨厌，下面这种尤其如此。他们大摇大摆地进来，做上半小时耐心细致的"妈妈"，然后，又大摇大摆地离开。他们全然无视这样一个事实，那就是，真正的好妈妈必须是一天二十四小时连轴转的妈妈。不过，有些爸爸确实能成为比妻子更好的妈妈，可他们毕竟不是妈妈。所以，必须找到解决问题的方法，而不是让妈妈淡出育儿工作。但是，妈妈们通常都很清楚自己才是这方面的行家。不过，如果她们愿意，不妨让丈夫打打下手。

假如我们从头说起，会发现妈妈才是婴儿最早认识的人。婴儿迟早会识别出妈妈身上的某些品质，而温柔、甜美几乎成了妈妈的代名词。但是，妈妈也有严肃的特质，比如，她也会严格，也会严厉，也会严苛。不过，一旦婴儿接受了奶水不是想吃就有的事实，那么，妈妈的准时出现在宝宝看来就是弥足珍贵的事情。妈妈的这些次要特质在婴儿心里慢慢堆积，最后，让婴儿把目光集中到父亲身上。毕竟，一个受人尊敬、受人爱戴的坚强父亲比一个集合了清规戒律、令行禁止、死板固执等特质于一身的母亲要好得多。

所以，当父亲以父亲的身份进入孩子的生活时，他就接管了婴儿对母亲某些特质所寄予的情感。爸爸的接管，对妈妈来说是一种很大的解脱。

我想分别谈谈爸爸在各方面的价值。首先，家里需要有一个爸爸，从而让妈妈感到身心愉悦。孩子对父母之间的关系非常敏感。如果父母关系很好，可以说，孩子会是第一个洞察这一事实的人。而且，他会通过少出问题、更易满足、更好养活来表达他的感激之情。我想，这就是婴儿或孩子心里对"社会安全感"的含义。

爸爸妈妈的性结合为孩子的幻想提供了一个铁的事实，一个可以依靠、也可以对抗的事实。此外，它还在一定程度上为三人关系的个人解决方案提供了自然基础。

其次，正如我前面所言，爸爸必须给予妈妈道义上的支持，做妈妈权威的坚强后盾，捍卫妈妈在孩子生命中植入的社会秩序。爸爸不必一直守在身旁，但必须经常出现，让孩子感到他是一个真实而鲜活的人。孩子的大部分生活必须由妈妈来安排，孩子也乐意看到爸爸不在时妈妈能独当一面。事实上，妈妈的一言一行一定要有分量。可是，如果妈妈必须一人扛起全部重担，既要在孩子的生活中充当坚强威严的角色，又要扮演舐犊情深的慈母，那么，她的负担的确是太重了。此外，如果父母双亲都在身边，对孩子来说也会容易很多。他可以爱一个，恨一个，而这本身就是一个重要的平衡力量。有时，你可能看到孩子在踢打妈妈。此时，你也许会想，要是丈夫在身边为妻子撑腰，孩子很可能会去踢爸爸，或者谁也不敢去踢。孩子会时不时地去恨一个人，如果爸爸总是不在身边，那么，他就只能恨妈妈一个人了。这会让他感到十分困惑，因为妈妈是他心目中最爱的那个人。

再次，孩子之所以需要爸爸，是因为他有积极向上的品质，区别于其他男人的特质和活泼开朗的性格。在生命的早期，当印象还非常鲜明时，如果可能的话，最好抓紧时间让孩子了解一下爸爸。当然，我不是要求爸爸把自己的个性特点强加给孩子。有的孩子在几个月大时就会到处寻找爸爸，会在爸爸进屋时向他伸出手去，会倾听爸爸的脚步声。有的孩子则不理爸爸，只是慢慢地才让他成为自己生命中的一个重要人物。有的孩子很想知道爸爸是个什么样的人，有的孩子却只把爸爸当作梦想的对象，很难像其他人一样去了解他。即便如此，如果爸爸能在身边，也愿意去了解自己的孩子，那么，孩子还是很幸运的，他的世界也会因此得到极大的丰富。当爸爸妈妈都愿意为孩子负责时，就为营造一个好的家庭创造了条件。

要想详述爸爸丰富孩子世界的方式几乎是不可能的，因为牵涉的面太广了。当孩子看到（或自以为看到）爸爸时，他们心中便形成（或部分形成）了一个理想爸爸的形象。当爸爸早出晚归、渐渐露出工作本质时，就把孩子引入了一个全新的世界。

有一种游戏叫作"过家家"。你知道，在这个游戏中，爸爸早上离开家去上班，妈妈则留在家里做家务带孩子。孩子对家务活是再熟悉不过了，因为那是每时每刻都发生在自己身边的事情。然而，爸爸的工作——更不用说爸爸下班以后的各种爱好——则可以开阔孩子的眼界。能工巧匠的孩子是多么幸福啊！当这样的爸爸在家时，他愿意在孩子面前展示自己高超的手艺，愿意和孩子一起制作精美实用的东西。如果爸爸偶尔与孩子一起游戏，一定能带来颇有价值的新的元素，让游戏变得丰富多彩。不仅如此，爸爸对世界的认知也有助于他看到哪些玩具在丰富孩子游戏的同时，不会妨碍其想象力的自然发挥。不幸的是，有的爸爸会把事情搞得一团糟。比如，他给儿子买了一个玩具火车，结果，自己先玩上了。由于自己玩得太投入了，结果，不让孩子碰它，更不用说拆了它。这就有点儿过了。

爸爸能为孩子做的其中一件事情就是活着，并且在孩子的早年生活中一直好好地活着。这一简单行为的价值很容易被人们忘掉。尽管孩子很容易将爸爸理想化，但是，能和爸爸生活在一起，了解爸爸的为人，甚至在某种程度上弄清爸爸的真实面目，也是很有价值的。我认识一个男孩和一个女孩，他们认为自己在爸爸参战的那段日子里过得很愉快。当时，他们和妈妈住在一栋带花园的房子里，花园很漂亮，生活用品是应有尽有，甚至可以说绰绰有余。有时，他们会陷入一种"有组织的反社会活动"状态，几乎要把房子掀翻了。现在回头来看，他们发现，当时那种周期性的情感爆发是一种无意识的行为，其背后的目的就是呼唤爸爸的出现。然而，在丈夫来信的鼓励下，妈妈设法带孩子们渡过了难关。不过，可以想象，她是多么渴望丈夫和她生活在一起！这样，在他叫孩子们去睡觉时，她就可以偶尔坐下来歇一会儿。

再举一个极端的例子。我认识一个女孩，在她出生前，她的爸爸就去世了。她的悲剧在于，她对男人的看法完全是基于一个理想化的爸爸，而没有被真正的爸爸温柔地辜负过的经历。因此，她在生活中很轻易地将男人理想化，这在一开始还真能把男人美好的一面激发出来。但不可避免的是，她认识的每个男人迟早都暴露出了一些缺点。每当这个时候，她就会陷入绝望之中并开始不停地抱怨。可以想象，这种心态彻底毁了她的生活。假如她的爸爸在她童年时还活着，那么，他既可以成为一个理想的爸爸，也可以成为一个有缺点的爸爸，还可以成为一个让她发泄不满的爸爸。果真如此，那她该有多么幸福啊！

众所周知，爸爸与女儿之间有时有着一种极为重要的关系。事实上，每个小女孩都曾梦想要取代妈妈的位置，或者至少是做着浪漫的梦。当女儿产生这种想法时，妈妈一定要宽宏大量。有些妈妈发现，父子之间的友谊可以理解，但父女之间的友谊则很难容忍。然而，如果父女之间的亲密关系被妈妈嫉妒和竞争的情绪所干涉，无法自然发展，那将是非常遗憾的，因为，要不了多久，小女孩就会意识到这种浪漫依恋所带来的挫败感。等她长大之后，就会另觅他途，去实现自己儿时的梦想。假如爸爸妈妈关系很好，爸爸和子女之间的强烈依恋也就不会威胁到父母之间的感情。在这件事情上，女孩的兄弟们的确帮了大忙。他们就像跳板一样，让女孩的情感从爸爸叔叔身上转向了家庭之外的其他男性身上。

还有一种情况也是非常普遍的，那就是男孩和爸爸有时会成为争夺妈妈的对手。同样，假如父母感情融洽，这件事也不必引起太多的焦虑。当然，相亲相爱的父母永远不会受到这类事情的干扰。不过，由于小男孩的情感最为强烈，所以，必须认真对待。

听说有的孩子在整个童年时期从来没有单独和爸爸待上一整天，哪怕是半天。这在我看来十分糟糕。应该说，妈妈有责任定期让爸爸与女儿或者爸爸与儿子一起出去探探险。这对各方来说都是好事，其中的一些经历将成为他们一生的财富。对妈妈来说，让爸爸和女儿一起出去并不总是一件容易的事情，尤其是当她自己想和丈夫单独出去的时候。当然，她也应该与自己的丈夫单独外出。否则，她不但会心存怨恨，而且还会疏远自己与丈夫的关系。不过，如果妈妈能时不时地让爸爸与子女或几个子女一起外出活动，她作为妈妈和妻子的价值将大大增加。

　　所以，如果你的丈夫在家，你会很容易发现，设法让爸爸和孩子们相互了解非常必要。爸爸和孩子们的关系如何，取决于他们自己，这不在你的能力范围之内。但是，你可以助其一臂之力。当然，你也可以起到截然相反的作用，那就是阻碍或破坏他们之间的关系。

第十八章　别人的标准和你的标准

我想，每个人都有自己的理想和标准。每个人在建一所住宅时，心里都有一张图纸，即住宅的外观内饰、颜色如何搭配、家具如何布置、餐桌如何摆放等。大部分人都知道自己发达之后要搬进什么样的房子，是住在城里好还是住在农村好，哪一部电影值得一看。

刚结婚时，你一定在想："现在，我可以随心所欲地生活了。"

有一个五岁的小女孩，正在学习语言。当她听人说"小狗是自愿回家的"时，就学会了"意愿"这个说法。第二天，她对我说："今天是我的生日，所以，一切要按我的意愿去做。"用这个小女孩的话来说，结婚时，你一定会想："从现在起，我终于可以按我的意愿过日子了。"请注意，我并不是说你的意愿一定比你婆婆的好，但那是你的意愿，这才是最重要的。

假设你拥有了自己的房间、公寓或房子，你一定会马上着手按自己的爱好进行布置和装修。等新窗帘挂好之后，你就会邀请别人来家里参观。关键是，你终于有了一个自己说了算的地方，你甚至会为自己所做的事情感到惊讶。显然，你一生都在为此奋斗。

结婚初期，如果你没有因琐碎问题与丈夫发生过争吵，那只能说你太走运了。有趣的是，起初的争吵总是围绕着孰好孰坏展开的，而真正的问题，用小女孩的话来讲，就是两种"意愿"之间的碰撞。比如，你觉得这块地毯很好，那是因为是你买的，是你选的，或者是你在减价时淘来的。同样，你丈夫也觉得它好，原因是他选的。问题是，你俩是如何同时感到是自己选了这块地毯的呢？好在相爱的双方总能找出办法让彼此的"意愿"在某种程度上重叠，所以，在一段时间内问题不大，而解决的方法之一就是达成共识。所谓的共识可以是心照不宣的，即男主外，女主内。众所周知，在英国，家是妻子的城堡，而男人也乐意让妻子当家。可惜的是，大部分时候，男人在工作中很难找到妻子持家时那种独立自主的感觉。另外，男人对自己的工作少有认同感，而这种情况随着技工、小店主、小业主的出现变得越来越糟。

有人说，有些女人不愿意做家庭主妇。在我看来，说这种话的人忽略了一个事实，那就是，女人只有在自己家里才能真正说了算。女人只有在自己家里才能真正做到无拘无束。此外，如果她真有勇气，还可以在家里尽情地展示自己，找到完整的自我。关键是，结婚时她真的要有一套公寓或一栋房子，这样才能有足够的空间施展自己的才华，而不至于与自己的母亲或其他近亲产生摩擦。

我说了这么多，主要是想让你明白，宝宝来到世上之后想按自己的意愿行事该有多难。如果宝宝执意要按自己的意愿行事，一定会把事情搞得一团糟。谁也不能说：搞糟了就搞糟了，没什么大不了。宝宝搞糟的是年轻妈妈新近获得的独立精神以及刚刚赢得的对其个人意愿的尊重。有些女性宁愿不要孩子，因为如果在婚姻中无法建立自己多年筹划和等待换来的"势力范围"，那么，对她们来说，婚姻则失去了很大的价值。

假如有这样一位年轻的妻子，她刚刚把家庭打理得井井有条并为此感到自豪，假如她刚刚体会到自己做主的滋味，如果这个时候让她有个孩子，会怎么样呢？我想，她刚怀孕时，不一定能想到婴儿会威胁到她新近获得的独立，因为那个时候她还来不及想这件事情。那个时候，婴儿带来的想法是令人兴奋的、是十分有趣的、是令人鼓舞的。在她心里，孩子会按自己的计划来抚养，在自己的势力范围内长大。到目前为止，一切正常。而且，她还认为，婴儿会从原生家庭中继承一些文化特性和行为模式，这也没错。然而，育儿过程远非如此，远比这些重要。

新生儿几乎从一开始就有了自己的想法。假设你有十个孩子，生长在同一个家庭里，你仍然很难找到两个一模一样的孩子。同样，十个孩子也会在你身上看到十个不同的妈妈。即便是同一个孩子，也会在不同的时候看到不同的你。有时，你在他眼里是一个美丽慈爱的妈妈；有时，在光线不好的时候，或者在他正做噩梦而你进入他房间时，你又变成了一条恶龙、一个巫婆或是其他危险可怕的东西。

关键是，每一个降临到你家的婴儿都带来了自己对世界的看法，以及掌控自己天地的愿望。所以，每一个婴儿都对你精心构筑、努力维持的规则秩序构成了威胁。我知道，你很珍惜自己做主的生活方式。在此，我只能为你感到遗憾。

不过，让我看能不能帮上什么忙。我认为，部分困难源自下面这个事实。你之所以喜欢某种东西，是因为你觉得你的想法是对的、是好的、是合适的、是最棒的、是最聪明的、是最安全的、是最快捷的，也是最经济实惠的。毫无疑问，你这种想法往往是有道理的。而且，当涉及技能以及对世界的了解时，孩子根本无法和你相比。但是，关键在于，你喜欢和信任这种处世方式，并不是因为那是最好的方式，而是因为那是你的方式。正因如此，你才要掌控一切。是啊，房子也是你的，那也是你结婚的部分原因。另外，你也许只有在大权在握时才有安全感。

没错，在你自己的房子里，你完全有权要求别人遵守你的规则，比如，按你的方式摆放早餐，饭前要祷告，不许说脏话等。然而，你的权利只是基于这是你的房子、这是你的方式的事实，并不是因为你的方式就是最好的，尽管可能真是最好的。

你的孩子很可能希望你真正了解自己想要什么和信奉什么，他们会从你的信仰中获益，也会在此基础上确立自己的标准。但与此同时，很重要的一点是，你不觉得孩子也有自己的理想和信仰，也有自己寻求秩序的意愿吗？孩子们讨厌永久的混乱，也讨厌永久的自私。你能否意识到，假如你过分关注在家里树立自己的权威，而不考虑婴儿和幼儿的天性，不允许他们创造属于自己的道德天地，你的行为一定会伤害他们？如果你对自己有充分的信心，我想，你也一定想看看孩子在你的势力范围内按自己的冲动、计划或想法究竟能走多远。"今天是我的生日，所以，一切要按我的意愿去做。"当小女孩这样说时，并不会招致混乱。事实上，这一天的安排与其他任何一天没有什么两样。唯一的区别在于，这一天是由孩子自己安排的，而不是由妈妈、保姆或老师安排的。

当然，这是妈妈在婴儿生命初期通常做的事情。她虽然不能做到随叫随到，但是，可以定时给婴儿喂奶，这已经是相当不错了。而且，在这个过程中，妈妈还成功地让婴儿暂时忘记"梦想乳房也不可能说来就来"的痛苦事实。婴儿不可能靠"梦中乳房"存活下来。也就是说，乳房只有长在妈妈身上才有用，而妈妈则是一个独立的人。婴儿光有想吃奶的念头是不够的，妈妈也要有喂奶的想法才行，这对孩子来说颇不容易。认识到这一点，妈妈就可以保护婴儿不至于太早或太突然地遭遇断奶这一幻灭的过程。

一开始，婴儿是全家的重中之重。如果他需要食物，或因不适而哭闹，那么，一切都要让路，直到他的需求得到满足为止。他也可以随心所欲，比如没有来由地乱拉乱尿，只因他喜欢而已。在婴儿看来，如果妈妈变得严格了，反倒是个怪事。有时，妈妈因顾及邻居的感受而突然变得严格起来，开始对婴儿进行"训练"，直到婴儿达到了自己的清洁标准才肯罢手。她以为，如果婴儿不再主动，不再冲动，放弃了在别人眼里这些极其珍贵的特点，那就说明她的工作到位了。事实上，过早或过严的清洁训练反而会适得其反。一个六个月大时很讲卫生的孩子稍大一点儿后可能会公开叛逆，或者故意把自己弄脏。这时，重新训练则非常困难。幸好，在多数情况下，孩子并没有完全放弃希望，而是为自己找到了一条出路，其主动性只不过是隐藏在尿床等症状里（作为一个不用换洗床单的旁观者，每当我看到一个专横的妈妈有个尿床的孩子时，就感到高兴。那是孩子在坚守自己的阵地，尽管他还不知道自己在干什么）。对妈妈来说，如果能在坚守自己价值观的同时耐心等待孩子发展自己的价值感，那将是一个丰厚的回报。

如果你允许孩子发展自己的支配权，那么，你就是在暗暗地帮助他。虽然你和孩子在这方面会发生冲突，但这是很自然的事情，比自以为是从而把自己的想法强加给孩子要好得多。理由很简单，谁都喜欢按自己的方式行事。根据孩子的心情、爱好和性质，你完全可以在房间一角、橱柜或墙壁上给他留下一点儿自己的空间，任他祸害、整理或装饰。每个孩子都有权在家里拥有一席之地，都有权每天占据父母的一点儿时间。而且，在此期间，父母必须出现在孩子的世界里。当然，如果走向另一个极端，也就是说，如果妈妈没有自己鲜明的生活方式，而是一切让孩子做主，那么，作用也就不大了。在这种情况下，没有人会高兴的，哪怕是孩子。

第十九章 什么是"正常的孩子"

我们经常谈论问题儿童，也尝试对他们的问题进行描述和分类。我们也谈论正常问题或健康问题。可是，要描述一个正常儿童却非常困难。当说到身体时，我们非常清楚正常意味着什么。所谓身体正常，指的是孩子的身体发育达到了同龄人的平均水平，而且没有生理疾病。同样，当我们说到智力正常时，也知道指的是什么。然而，从完整人格的角度来说，一个身体健康、智力正常甚至智力超常的孩子依然有可能远远没有达到正常状态。

当然，我们也可以从行为的角度来考虑，将一个孩子和其他同龄孩子进行比较。可是，如果只看行为就给孩子贴上不正常的标签，恐怕要打个问号。毕竟，正常的内涵千差万别，甚至人们对正常的预期也是不一样的。比如，孩子饿哭了，问题是：孩子多大了？一岁的孩子饿哭了很正常。再比如，孩子从妈妈包里拿了一分钱，问题还是：孩子多大了？大部分两岁的孩子有时都会这样。再看看两个孩子，他们都表现得好像要讨打的样子。其中一个在生活中从未挨打，而另一个在家里则经常挨打。还有，一个三岁的孩子还在吃奶。这在英国极其罕见，可在世界其他地方却是一种传统。因此，不是比较了两个孩子的行为，就能明白正常的含义。

我们想知道的是，孩子的性格养成是否正常，是否以健康的方式稳固下来了。其实，孩子的聪明无法弥补性格成熟过程中的停滞状态。如果情绪发展在某个节点停滞不前，孩子就会在特定情景重现时返回"原点"，一举一动就像婴幼儿一样。例如，一个人沮丧时变得十分讨厌，或者心脏病发作。这时，我们就说他的举止像个小孩，而正常人则有其他应对挫折的方法。

我想从正面来谈谈孩子的正常发展。不过，在此之前，我们必须达成共识。那就是，婴儿的需求是非常强大的，情感是非常强烈的。我们必须把孩子看成一个人，一个从来到世界之日起就带着强烈情感的人，尽管他与世界的接触刚刚开始。成年人会采取各种手段重新捕捉婴儿期和幼儿期的情感，因为那些情感非常强烈，非常珍贵。

基于这一假设，可以认为，幼儿期是一个逐渐建立信任的过程，而对人和事物的信任是通过无数美好的体验一点一点建立起来的。这里所说的"美好"，指的是足够令人满意。也就是说，孩子的需求和本能得到了正当的满足。这些美好的体验可以制衡不好的体验。这里所说的"不好"的体验，指的是愤怒、恨意和怀疑等，而这些都是婴儿发展过程中不可避免的感受。每个人都必须在内心找到一个位置来构建和运作一个本能冲动的机制；每个人都必须找到自己的方法，让本能冲动适应自己的世界，而这绝非易事。事实上，人们需要了解的是，婴幼儿的生活并不容易，尽管里面充满了美好的东西。而且，不流泪的生活是根本不存在的，除非他们放弃了主动性，变得奉命唯谨。

生命本来就很困难，每个婴幼儿都不可避免地表现出这样那样的难处。由此可见，每个人都会有症状，而且，在特定条件下，每一种症状都可能是疾病的征兆。即使是在最和睦、最互相体谅的家庭里，也无法改变"普通人的发展非常艰难"这一事实。实际上，一个自我适应程度极高的家庭也是难以忍受的，因为你无法通过正当的愤怒来排解自己的情绪。

至此，我们不得不接受这样的观点，即"正常"这个字眼儿有两种含义。一种是对心理学家有用的。他们有自己的一套标准，把一切不完美的东西都称为异常。另一种是对医生、父母和老师有用的。他们用"正常"来形容一个将来有可能成长为合格的社会成员的孩子，尽管这个孩子目前身上还存在着这样那样的问题或症状。

举例来说。我认识一个早产的男婴。在医生眼里，早产是不正常的。在前十天里，婴儿不愿意进食。所以，妈妈只能把奶水挤进奶瓶里喂他。这对早产儿来说是正常的，而对足月儿来说就不正常了。有趣的是，在他预产期那天，他开始吃奶了。虽然速度很慢，但也只能按他自己的节奏来了。从一开始，他就对妈妈有着极高的要求。妈妈发现，要想养好他，只能顺着他，让他决定什么时候开始，什么时候停止。在整个婴儿时期，他对所有新鲜事物都报以尖叫。能让他接受新杯子、新浴盆和新婴儿床的唯一办法就是让他暴露在这些东西面前，然后，静静等待他自己上钩。这种任性的做派在心理学家眼里很不正常。可是，由于他有一个愿意惯着他的妈妈，所以，我们依然可以说这个孩子是正常的。还有一点很不容易，男孩非常喜欢尖叫，严重到无法安抚的程度。妈妈唯一能做的就是让他待在小床里，在旁边陪着，等他自己恢复过来。在发作期间，他根本不认识妈妈。所以，妈妈对他也没有任何作用。妈妈要想发挥自己的作用，只能等他回过神来。后来，妈妈带孩子到心理学家那里进行专门检查。然而，在等待期间，妈妈惊讶地发现，他们母子之间无须外界帮助竟然开始理解对方了。因此，心理学家并没有干预。尽管他发现母子二人身上均有异常之处，但他还是称他们为正常人，以此让他们运用自身的自然资源从困境中恢复过来，从而收获宝贵的人生经验。

按我的理解，一个正常的孩子应该是这样的。他能够利用大自然提供的任何手段来抵御焦虑和无法忍受的情绪冲突。正常情况下，他所利用的手段与他能得到什么样的帮助有关。异常表现为孩子利用症状的能力受到限制，而症状与所期望的帮助之间又没什么关系。当然，我们必须考虑到这一事实。那就是，婴儿小时候无力判断能得到哪些帮助。因而，妈妈需要在这方面做出相应的调整，及时跟进。

以尿床为例。尿床是一个很常见的症状，几乎每个带孩子的人都要面对。如果尿床是对苛刻管教的有效抗议，或者是维护个人权利，那么，这个症状就不是疾病。相反，这表明，孩子依然希望保持自己在某方面受到威胁时的个性。在绝大多数案例中，尿床都在发挥着类似的作用。假以时日，通过平常的良好管理，孩子就能摆脱这种症状，转而采用其他办法来主张自己的个性。

再以拒绝进食为例，这是另一个常见的症状。孩子拒绝进食绝对是正常现象。假设你提供的食物很好。关键是，孩子不能总是觉得食物不错，也不能总是觉得美食是应得的。假以时日，加上冷静管理，孩子最终能搞明白什么是好的，什么是坏的。换句话说，他会像你我一样对人和事情产生好恶感。

孩子们常用的这些手段，我们称之为症状。可以说，在适当情况下，正常孩子能表现出各种症状。然而，对生病的孩子来说，麻烦的其实不是症状，而是症状没有起到应有的作用，结果变成了妈妈不亲、孩子不爱的东西。

因此，尽管尿床、拒食以及其他症状都是治疗的严重征兆，但也不必如此。事实上，正常孩子也可以表现出类似的症状，这是因为生活不易。对每个人来说，从出生之日开始就很不容易。

　　那么，这些困难究竟从何而来？首先，两种现实之间存在着根本冲突。一种是人人都可以分享的外部世界，另一种是每个孩子的内心世界，即情感、想法和想象。从出生之日起，每个婴儿都在不断地接触外部世界。在早期的喂养经历中，婴儿就开始将自己的想法和外部的事实进行比较，将自己渴望的、期待的、臆想出来的东西和妈妈实际提供的，以及依赖他人的意愿而存在的东西进行比较。人一生当中的痛苦总是与这种两难境地有关。即便是最好的外在现实也会令婴儿失望，因为它不可能完全符合自己的想象。另外，尽管外在现实在某种程度上是可以操纵的，但它不受魔法的控制。摆在养育者面前的一项主要任务就是将复杂问题简单化，帮助宝宝顺利度过从幻象到幻灭的痛苦过程。婴儿期的大部分尖叫和动气都是围绕着内在现实与外在现实之间的拉锯战展开的，而这场拉锯战绝对是正常的。

　　这个独特的幻灭过程有一个特殊之处，就是孩子发现了即刻冲动所带来的乐趣。可是，孩子要想长大，要想成为群体中的一员，就不得不放弃大部分即刻满足所带来的快乐。然而，起初没有发现和没拥有过的东西是谈不上放弃的。试想一下，妈妈先要确保孩子体验到爱，然后，再让其克制自己，该有多难！在这种痛苦的学习中，孩子出现顶撞和抗议现象是再正常不过了。

其次，婴儿开始有一个可怕的发现，那就是，伴随着兴奋而来的是极具破坏性的想法。婴儿在吃奶时很容易产生一种破坏欲，想要摧毁一切美好的事物，包括食物以及提供食物的人。这种想法非常可怕。而且，随着婴儿认出喂食背后的那个人，或者随着他喜欢上那个喂食时似乎希望被摧毁、被榨干的人，这种想法就更为可怕。伴随着这种想法又出现了另一种感觉。那就是，如果一切都被摧毁了，那就什么都没有了。如果饥饿卷土重来，又会发生什么呢？

所以，究竟该怎么办呢？有时，孩子会停止对食物的渴求，从而获得内心的平静，却失去了一些宝贵的东西，因为没有了渴求，就不会得到完全满足的体验。这里，我们看到一个症状，即对健康的贪吃欲望的抑制，而这是我们在所谓正常孩子身上所期待发生的事情。如果妈妈在设法避开这个症状的过程中了解了婴儿各种举动背后的原因，那么，她就不会陷入恐慌，而会静静等待，而这一点在育儿时是非常有益的。大部分婴幼儿最后都能渡过难关，这是因为养育者始终表现得非常冷静，其所作所为非常符合自然规律。

以上这些只涉及婴儿和妈妈的关系。要不了多久，孩子会认识到，父亲也是不可忽视的因素。这无疑增加了问题的复杂性。你在孩子身上看到的许多症状都与这一事实及其衍生出来的复杂关系有关。然而，我们不希望因为这个原因而把爸爸排除在外。如果说孩子身上的各种症状都是源于他对爸爸的嫉妒、对爸爸的爱，或者对爸爸爱恨交加的情感，那么，这比他缺乏应付外在现实的经历要好得多。

另外，新生儿的降临会引起不安，这同样是好事，不是坏事。

最后，由于无法论及全部，我只想再说一点，那就是，孩子不久就会创造出一个属于自己的内心世界，一个上演着或输或赢的战争的世界，一个完全受着魔法支配的世界。从孩子们的画作和游戏中，你会看到这个内在世界的一些样貌，这是必须认真对待的。由于这个内心世界位于孩子体内并且占据着重要地位，所以孩子的身体必定会参与其中。例如，各种身体疼痛或身体不适都会伴随着内心世界的紧张和压力。为了控制这些内在现象，孩子可能会感到疼痛，或者做出神奇的动作，或者像着了魔一样手舞足蹈。当你不得不面对这些"疯狂"的表现时，我希望你不要单纯地以为孩子病了。你必须想到孩子的身心可能会被各种各样真实的和想象的人、动物或东西占据着。有时，这些想象中的人和动物还会溜出来。此时，你必须假装能看得见他们，除非你想引起更大的混乱。如果做不到这一点，你就是在要求年幼的孩子像大人一样成熟。假如你得迎合孩子想象出来的玩伴，也不要感到惊讶，因为对孩子来说，他们是完全真实的。他们来自孩子的内在世界，只是由于某种原因暂时游离于他人格以外的世界。

我不打算继续解释生活为何通常比较困难这个话题，而是想以一个友好的提示结束本章内容。那就是，一定要重视孩子的游戏能力。如果孩子喜欢游戏，就有可能表现出一两个症状。如果他能享受游戏，无论是自己玩还是和别人一起玩，那么，他就不会有什么大的问题。如果他在游戏中发挥了丰富的想象力，如果他从对外在现实的准确感知中得到了快乐，那么，你就该非常开心了。即便他还有尿床、口吃、爱发脾气的毛病或者饱受抑郁之苦，也没有关系。游戏表明，只要有良好稳定的环境，孩子就能培养出自己的生活风格，并最终成为一个完整的人，一个受整个世界欢迎的人。

第二十章　独生子女问题

现在，我想谈谈生活在普通的好家庭里的独生子女。问题是：独生子女和非独生子女的主要区别在哪里？

如今，当我看到身边有那么多独生子女时，我意识到，父母只要一个孩子一定有充分的理由。当然，在大多数情况下，父母还是愿意拥有一个大家庭的，只是由于种种原因未能如愿。不过，一般来说，如果父母只要一个孩子，一定是提前计划好的。假如你去问一对夫妇为什么只生一个孩子，他们常常以经济为理由："我们养不起那么多孩子。"

养孩子无疑是一笔不小的开销。我认为，无视夫妻的经济条件盲目鼓励他们多生孩子是极不明智的。我们也看到，很多合法的或私生的宝宝被一些毫无责任感的男女随便生下来就不管了，这让很多年轻人在组建大家庭之前犹豫不决。如果有人一定要拿钱来说事，那就让他们说好了。不过，我真的认为，夫妻双方考虑更多的是，在养活一个大家庭的同时会不会丧失太多的个人自由。如果两个孩子对父母的要求确实是一个孩子的两倍，那么，父母就得提前算好养两个孩子的成本。但是，人们可能又会怀疑，养几个孩子是否真的比只养一个孩子负担重？

请原谅我把孩子称为负担。孩子的确是一个负担。如果说养育孩子能带来乐趣，那是因为夫妻双方打心眼儿里想要孩子，愿意挑起这个担子。这样，他们便不会把孩子称为负担，而是叫作宝宝。有句谚语说得好，"愿你所有的烦恼都是小烦恼！"此话既风趣幽默，又意味深长。要是我们在这个问题上过于多愁善感，那么，人们恐怕就不会生孩子了。妈妈们可能会享受洗洗涮涮、缝缝补补的乐趣。但是，我们千万不能忘记这可是一份辛苦的工作，不能忘记其背后的无私奉献。

毫无疑问，独生子女有独生子女的好处。我认为，父母双方把精力全放在一个孩子身上，这意味着，他们可以为宝宝做出更好的安排，让他度过一个简单的婴儿期。也就是说，宝宝初期的母婴关系非常淳朴，之后，按宝宝的适应能力慢慢变得复杂。在简洁的环境中成长会给宝宝一种稳定的感觉，而这能让宝宝受用一生。当然，我还应该提一提其他一些重要的事情，比如，食物、衣服、教育等，而这些都是父母轻而易举就可以提供的。

现在，让我谈一谈独生子女的不利之处。独生子女最明显的不足就是缺少玩伴，缺少与兄弟姐妹大量相处才能得到的充实体验。孩子的游戏中有很多东西是大人触及不到的。就算大人理解游戏，也不可能像孩子那样长时间地泡在里面。事实上，要是大人真的和孩子一起玩，那么，游戏中那些自然的疯狂之处就太过明显了。所以，如果家里没有其他宝宝，孩子的游戏可能不会顺畅，可能会错失其中那些不合情理、不负责任和一时冲动的东西所带来的乐趣。如此一来，独生子女就会变得早熟，愿意与大人聊天，帮妈妈打理家务，或者学着使用爸爸的工具。对独生子女来说，玩游戏等于做傻事。然而，一起游戏的孩子则有着无穷的创造力。他们会不停地发明游戏细节，也能长时间地玩而不累。

但是，我觉得还有一件事情更为重要。对孩子来说，迎接弟弟妹妹进入家庭是一种非常宝贵的经历。实际上，这种经历的价值怎么强调都不为过。怀孕里有一个基本的事实。要是孩子没有见过妈妈的变化，那就错过了很多东西。起先，孩子发现自己不能舒舒服服地坐在妈妈的膝盖上了。之后，他就开始慢慢琢磨。最后，当弟弟或妹妹出生了，当妈妈慢慢恢复常态了，他也就找到了确凿的证据，证明了他背地里早就知道的一些事情。即便有的孩子很难消化这件事情，很难应付由此产生的强烈感受和内心冲突，但我仍然认为，没有经历过妈妈怀孕的孩子，没有见过妈妈用乳房喂奶、为婴儿洗澡和照顾婴儿的孩子，他们的经历无论如何也赶不上有此经历的孩子。这一点千真万确。或许，小孩和大人一样也想生娃娃。然而，他们做不到。于是，就用洋娃娃来满足部分愿望。妈妈靠怀孕生孩子，他们找洋娃娃替代。

独生子女尤其缺少的是发现恨意萌生的经验，而孩子的恨意源自新生儿危及其原本稳定安全的母婴关系。当一个孩子因为新出生的弟弟或妹妹感到不安时，那实在是再正常不过了。孩子对新生儿的第一句评论通常都很不客气："你看他的脸，长得像西红柿一样。"事实上，当父母听到孩子对新生儿毫不掩饰地表示讨厌或强烈憎恨时，应该感到宽慰。随着新生儿慢慢长大，成为一个可以逗着玩的人或是一个令人自豪的人，这种恨意就会慢慢让位于爱。不过，孩子最初的反应可能是恐惧和厌恶，还可能有把小宝宝扔进垃圾桶的冲动。可是，对孩子来说，当他发现他开始喜欢的小弟弟或小妹妹正是几周前他所讨厌的、想除掉的同一个人时，这种体验也是非常宝贵的。对所有的小孩来说，合情合理地表达恨意并非易事。对独生子女而言，没有机会表达天性中攻击的一面是一件很严重的事情。一起长大的孩子通过玩各种各样的游戏有机会与自己的攻击性达成妥协。而且，他们也有机会发现，当他们真的伤害了自己所爱的人时，心里总是过意不去。

另外，新生儿的降临还意味着爸爸妈妈依然喜欢彼此，依然相互吸引。我个人认为，孩子通过新生儿的到来再次确认了父母之间的亲密关系。而且，对孩子来说，重要的是，要能感受到父母靠性吸引结合在一起，并共同维持着家庭的和谐。

多子女家庭里的孩子比独生子女还有另外一个优势。在一个大家庭里，孩子们有机会扮演各种各样的角色，这就为他们日后进入更大的群体、融入世界做好准备。而独生子女，尤其是连表兄弟都没有几个的孩子，长大以后很难偶然结识其他孩子。独生子女无时无刻不在寻找稳定关系，这很容易吓跑偶然结识的人。而大家庭里长大的孩子早已习惯了与兄弟姐妹的朋友见面。等自己到了谈恋爱的年龄，早已对人际关系积累了丰富的经验。

父母当然能为独生子女做许多事情，而且，很多父母也愿意这样做。但是，他们同时也承受着不一样的痛苦。尤其是在战争年代，他们不得不做出勇敢的决定，送孩子去前线打仗，尽管在孩子眼中这倒是唯一该做的事情。男孩也好，女孩也罢，都需要有冒险的自由。如果做不到这一点，对他们来说是一个巨大的挫折，因为，作为独生子女，如果他们自己受到伤害，必然会伤及自己的父母。还有一点，父母的生命也会因他们带到这个世界上并养育的每个孩子变得充实。

此外，等孩子长大以后，又会出现赡养父母的问题。要是有几个孩子的话，赡养父母的任务就可以分担了。显然，独生子女会因赡养问题被压得透不过气来。也许，父母应该提前想到这一点。他们在照看孩子时常会忘记一点，那就是，孩子很快就会长大，而且，小的时候也没有几年。但是，孩子长大后可能要照顾父母（通常是自愿的）二三十年，甚至一辈子。如果有几个孩子，那么，赡养父母的工作就会更加简单，更容易成为一种乐趣。事实上，年轻夫妻往往也想多要几个孩子，但是，他们做不到，因为他们还肩负着照顾年老体弱的父母的任务，没有兄弟姐妹和他们一起分担和分享这项工作。

你也许注意到了，我在讨论独生子女的优势和劣势时，有一个前提，那就是，这个孩子必须是一个健康正常的普通孩子，并且生活在一个普通的好家庭里。显然，要是考虑异常情况的话，还有很多事情可以讨论。例如，家中有一个发育迟缓的孩子，对父母来说，就是一个特殊的问题，值得特别考虑。如果家里有好几个孩子，就更难管理了。父母自然会想，其他孩子会不会因为这个孩子以及因他被迫采取的养育方式而受到伤害。还有一种情况同样重要。那就是，孩子的父母身心方面都有问题。比如，有些父母多少有些抑郁，总是忧心忡忡；另外一些父母对这个世界充满了恐惧，认为外界对他们充满了敌意。独生子女必须认识到这一点，并能做到独自面对。

一个朋友曾跟我这样说过："对我来说，总有一种奇怪的'封闭感'。也许是因为父母太爱我了，太关注我了，太想占有我了，让我觉得我和他们被关在一起了。他们总以为自己是我世界的全部，但其实早就不是那么回事了。对我来说，这是作为独生子女最糟糕的部分。我的父母表面上还是比较开明的。他们在我还不太会走路时就送我上学，让我和邻居的孩子泡在一起。然而，在家里，这种奇怪的'带入感'还是很强，似乎家庭关系比其他任何事情都重要。要是家里没有另一个同龄孩子，很容易让独生子女变得骄傲自大。"

综上所述，你可能认为，我是支持大家庭的，而不提倡只生一个孩子。实际上，最好是只生一两个孩子，然后，好好培养他们，这比生一大堆孩子而无心无力照顾他们要好得多。如果家里只能要一个孩子，不妨邀请朋友的孩子来家里玩，而且，越早越好。要是两个孩子顶牛了，并不意味着不能再在一起玩了。如果实在找不到玩伴，还可以养猫养狗，也可以送进托儿所或幼儿园。如果作为独生子女的巨大劣势得到理解，那么，只要愿意，在一定程度上是可以避免的。

第二十一章　双胞胎问题

　　提起双胞胎，我首先要说的是，这完全是一种自然现象，没有什么值得伤感或取笑的地方。我知道，许多妈妈喜欢双胞胎。我也知道，许多双胞胎乐于做双胞胎。可是，说起双胞胎时，几乎所有的妈妈都会说，这不是她们自己的选择。就连那些安于天命的双胞胎也常常说，他们也不喜欢两个人一起来到世上。

　　双胞胎有自己特殊的问题需要解决，双胞胎有利有弊。如果我能帮什么忙的话，与其说是告诉你如何去做，倒不如说就他们遇到的主要困难给你一两点提示。

　　双胞胎有两种类型，而每一种类型的问题又各不相同。我们知道，婴儿都是从一个微小的细胞（也就是受精卵或卵细胞）发育而来的。卵子一旦受精，就开始生长，并分裂成两个细胞。每个细胞再分裂成两个，变成四个，然后，四个变成八个，以此类推，最后，分裂出数百万个各种类型的细胞，彼此关联，组成一个新的个体，就像当初那个受精卵一样。有时，在受精卵第一次分裂成两个细胞之后，这两个细胞各自分裂，独立发育，形成同卵双胞胎。也就是说，两个婴儿是从同一个受精卵发育出来的。同卵双胞胎性别总是一样的，模样也非常相似，至少一开始是这样。

另一种类型的双胞胎，其性别可以是一样的，也可以是不一样的。他们就像普通的兄弟姐妹一样，只不过，他们是从碰巧同时受精的两个卵细胞发育出来的。在这种情况下，两个受精卵会在子宫内并排发育。这种双胞胎不一定长得很像，就跟普通的兄弟姐妹差不多。

不管是哪种类型的双胞胎，我们可能都会觉得，两个孩子彼此为伴还是挺好的，永远不会感到孤单，长大以后尤其如此。然而，他们之间存在着一个特殊的困难。要想弄清楚这一点，就得先来谈谈婴儿的发育方式。在一般情况下，通过良好的管理，婴儿在出生后会立刻开始形成其人格和个性基础，并开始发现自己的重要性。我们都喜欢无私，都喜欢宽容，都希望在自己的孩子身上看到这些美德。然而，如果我们研究婴儿的情绪发展，就会发现，没有原始的自私经历，就不可能发展出健康稳定的无私品德。换句话说，没有原初的自私经历，孩子的无私就会充满怨恨。总而言之，原始的自私不外乎是婴儿对良好养育的体验。好妈妈首先愿意尽量适应婴儿的需求，允许婴儿的冲动主导局面，也安于等待婴儿的宽容随着时间的推移培养出来。起初，妈妈一定要给婴儿一种"占有感"，让他觉得自己有能力控制妈妈，让他觉得妈妈就是为这种场合而生的。妈妈自己的私人生活一开始是不会强加给婴儿的。有了骨子里的自私体验，婴儿以后就会变得不那么自私，同时，也不会有太多的怨恨。

一般来说，当婴儿单独降临时，每个小家伙都有大把的时间了解妈妈其他方面的权利。众所周知，每个孩子都把新来的宝宝视为一个复杂的问题，一个非常严重的问题。不过，即便孩子一岁前无法意识到新来的宝宝的陪伴作用，即便到两岁时双方开始互殴，无法一起玩耍，妈妈也不必担心。的确，每个孩子都需要一些时间去欢迎小弟弟或小妹妹，只是时间长短不一。当孩子可以真正"允许"母亲怀孕（或者说"给"妈妈一次怀孕的机会）时，那么，妈妈也就迎来了他成长中的一个重要时刻。

现在的问题是，双胞胎总有另外一个孩子要去面对，这与独生子女慢慢接纳另一个新的家庭成员完全不同。

此时，我们再次看到下列观点的谬误之处，即一些小的事情在婴儿的头几个月里没有什么大的影响。事实上，双胞胎是否各自感觉到他们一开始就是独自占有妈妈，这一点关系重大。双胞胎的妈妈有一个额外的任务，那就是，把自己的全部同时交给两个孩子。从某种程度上来说，她注定会遭遇失败。所以，双胞胎的妈妈只能满足于自己尽心尽力了，剩下的就是希望两个孩子最终能找到办法，弥补双胞胎这种先天的劣势。

让一个妈妈同时满足两个婴儿的即时需求，这是不大可能的。比如，无论是喂奶、换尿布，还是洗澡，必须有个先后顺序。她可以尽可能地做到公平。如果她一开始就能认真对待此事，一定会得到回报。不过，这绝对不是一件容易的事情。

事实上，妈妈很快就会发现，她的目标不是要一视同仁地对待每个孩子，而是要把每个孩子都当成唯一的孩子来对待。换句话说，从婴儿出生之日起，她就要设法找出两个孩子之间的差别。在所有人当中，妈妈最应该毫不费力地将两个宝宝区分开来，即便一开始她不得不靠皮肤上的一小块胎记或别的什么方法才行。通常，妈妈会发现两个宝宝的性格是不同的。要是她在和每个宝宝相处时都表现出完整的自我，那么，每个宝宝都能发展出自己的个性特点。一般认为，双胞胎的困难有一大部分源自下面这一事实，那就是，他们常常被当作一个人来看待。即便他们有着明显的差异，人们一般也不会那么看。这一方面是出于好玩，另一方面是没有人愿意花时间去把他们区分开。我知道一户好人家。女主人从未设法学会如何分辨两个双胞胎女儿。可是，在其他小朋友眼里，两个女孩谁是谁一目了然。事实上，两个女孩的个性非常鲜明。然而，女主人总是习惯地称她们为"小双儿"。

另外，把两个孩子分开，你自己带一个，另一个由保姆来带，这也不是解决问题的正道。你可能有充分的理由要和别人分担照顾孩子的责任，比如，健康状况欠佳。但是，事情仍然没有得到解决，因为，总有一天，你托付出去的孩子会非常嫉妒你留下来的那个，即便那个帮手做得比你还好也无济于事。

双胞胎的母亲似乎都同意，即使双胞胎有时觉得被人弄错了很好玩，但是，他们依然希望妈妈能轻而易举地把他们区分开。在任何情况下，孩子都应该弄清自己的身份，这一点至关重要。因此，生活中就必须要有人对他们的身份了如指掌。我认识的一个妈妈生了一对同卵双胞胎。在外人看来，他俩长得一模一样。可是，这位妈妈从一开始就能轻而易举地辨认出来，因为他俩的性格完全不同。七八天时，妈妈和往常喂奶时不太一样，她披了一条红色披肩。其中一个马上对此有所反应。也许是因为明亮的颜色吧，他直勾勾地盯着披肩，竟然忘记了乳房的存在。可是，另一个丝毫不受影响，该怎么吃奶还怎么吃奶。此后，妈妈不仅发现他们两个是截然不同的两个人了，而且还意识到他们不再生活在平行的世界里了。这位有心的妈妈至此解决了"先喂谁"的问题。具体而言，她按时做好喂奶准备，然后，看哪个更急，就先喂哪个。这个不难判断，哪个哭得厉害，就先喂哪个。当然，我并没有说这种方法是放之四海而皆准的。

当然，抚养双胞胎的主要复杂之处在于要"量体裁衣"，让每个孩子的整体性和单一性都能得到充分的认可。即便有一对完全一样的双胞胎，也依然需要他们的妈妈与每个人都保持完整的关系。

刚才我提到的这位妈妈跟我说，她有一个好办法，那就是，让一个宝宝睡在前院，让另一个睡在后院。当然，你可能不巧，没有两个院子。不过，你也许可以做些安排，以免一个宝宝哭起来时，把另一个也给带哭了。两个宝宝同时哭起来，在你看来一定是一件十分可怜的事情。可别忘了，宝宝试图通过哭声来掌管全局。在生命初期，当两个婴儿都想获得霸主地位时，有一个竞争对手是一件令人抓狂的事情。而且，据我所知，这件事情可能会影响双胞胎的一生。

　　我说过，有一种双胞胎叫作同卵双胞胎。当然，这个叫法是不言而喻的。如果两个孩子完全相同，他们就应该一模一样，合起来就跟一个人似的。这么说，是多么荒谬啊！他们是很相似，但并不一样。其中的危险在于，人们往往把他们看成一个人。一旦如此，双胞胎就会对自己的身份感到困惑。除了双胞胎，其他婴儿对自己的身份也都感到困惑。只有给他们一定的时间，才会慢慢清楚自己是谁。你知道，小孩子在开口说话之后，不是马上就会使用人称代词的。他们先学会说"妈妈""爸爸""更多""狗"等。在此后的很长时间里，他们才渐渐学会说"我""你""我们"。双胞胎很可能坐在婴儿车里，并不把对方当成另外一个人。的确，他们会把婴儿车另一端的那位当成自己（就像照镜子一样），而不会（用婴儿的口气）说："哈喽，坐在对面的是我的双胞胎兄弟。"但是，当有人把其中一个从车里抱出来时，另一个会感到失落和受骗了。这种困难任何一个婴儿都可能遇到，但是，双胞胎一定会遇到。此时，他们只能希望大人介入，帮助他们解决困难，把他们看成两个不同的人。等再长大一点儿，等他们对自己的身份相当自信了，就很可能喜欢利用彼此的相似性。这时（也只是在此之后），他们就可以开心地玩"张冠李戴"或"身份误认"的游戏了。

最后，双胞胎会喜欢对方吗？这是所有双胞胎都要回答的一个问题。据我所知，有人认为，双胞胎都非常喜欢对方。我觉得这种看法有待商榷。他们的确喜欢待在一起，喜欢一起玩，不喜欢分开，但是，这不足以令人相信他们非常喜爱对方。突然有一天，他们发现自己对对方恨之入骨。最终，他们又开始关爱对方了。当然，这并不适合所有情况。不过，如果两个孩子不得不勉强接受对方，他们当初大概不会选择认识对方。恨表达出来之后，爱才会有机会。所以，重要的是，不要想当然地认为，双胞胎愿意携手度过一生。

他们可能愿意，也可能不愿意。他们甚至会感激你或者像麻疹这样偶然的事情把他们分开，毕竟，独自成长为一个完整的人比和自己的双胞胎在一起要容易得多。

第二十二章 孩子为什么要玩游戏

孩子为什么要玩游戏？其中的原因显而易见。不过，也值得好好讨论一下。

大部分人会说，孩子要玩游戏，是因为喜欢玩。这一点无可否认。孩子喜欢各种各样的身体游戏和情感游戏。大人可以通过提供材料和想法来帮孩子拓展这两种体验的范围。不过，提供的内容越少越好，因为孩子能轻而易举地找到材料，并发明自己的游戏，而且，他们对此简直是乐此不疲。

人们常说，孩子能在游戏中消除怨恨和攻击性，仿佛攻击性是某种可以消除的有害物质似的。这在一定程度上是正确的，因为郁积起来的怨恨和愤怒体验的结果在孩子看来就是体内滋生了不好的东西。然而，更重要的是，应该这样表述：孩子重视的是可以在熟悉的环境中表达怨恨或攻击性的冲动，而不用担心受到愤怒或暴力反击。从孩子的角度来说，一个好的环境应该能够容忍暴烈情绪的存在，只要其表达方式可以为人所接受。必须承认，孩子的性格中存在着攻击性。如果隐藏和否定它的存在，那么，会给孩子一种极不诚实的感觉。

攻击性也可以是令人愉快的，但它不可避免地伴随着对某人真实的或想象的伤害。所以，孩子也必须直面这个复杂的问题。从某种程度上讲，这个问题从源头上得到了解决，因为孩子可以按照一定的准则以游戏的方式（而非仅仅是以发怒的方式）表达攻击性的感觉。另一个办法就是把攻击性用于以建设性为终极目标的活动中。不过，此事不能着急，需要一步一步来。我们有责任确保我们不会忽视孩子在游戏中而非在发怒时表达攻击性情感的社会贡献。没有人喜欢被人憎恨或被人伤害，但是，我们一定不能忽视愤怒的冲动背后自律的基础。

不难看出，孩子玩的时候是为了开心。但是，人们很难看出，孩子玩的时候也是为了控制焦虑情绪，或者控制导致焦虑情绪的想法和冲动。

焦虑情绪一直是儿童游戏中的一个因素，而且，往往是一个重要的因素。过度焦虑会强迫孩子去玩游戏，或者重复同一个游戏，或者过分追求游戏带来的快乐。要是焦虑过头了，游戏则纯粹变成了对感官刺激的追求。

我们无须在这里证明焦虑情绪是儿童游戏的基础这一论点，重要的是看实际结果。如果说玩游戏仅仅是为了开心，那么，完全可以要求他们放弃。然而，如果玩游戏是在处理焦虑情绪，那就不能要求孩子放弃，否则，一定会引发新的痛苦，导致真正的焦虑，甚至催生抵抗焦虑的新手段，如做白日梦等。

孩子在游戏中获得经验，而游戏则是孩子的大部分生活。内在和外在的体验都能让成年人感到充实。但是，对儿童来说，这种充实主要源自游戏和幻想。成年人的个性是通过生活经历发展起来的。同样，孩子的个性是通过自己的游戏以及其他人发明的游戏培养起来的。通过在游戏中充实自己，孩子领略大千世界的能力也逐渐增强了。游戏是创造力的有力证明，也是生命力的具体体现。

成年人如果认识到游戏在孩子生活中的重要地位，不妨参与进来，一方面教孩子玩传统游戏，另一方面积极保护孩子的创新能力。

孩子一开始都是一个人玩，或者和妈妈一起玩，并不急于要求其他小朋友参与其中。然而，恰恰是通过游戏，恰恰是因为有别的小朋友参与预设的角色，孩子才开始接受他人的独立存在。有些成年人在工作中很容易交到朋友或很容易树敌，而另外一些人则常年待在公寓里，不知道为什么没有人愿意与他们交往。孩子也是一样。他们在游戏中很容易交到朋友或很容易树敌。然而，离开了游戏，他们同样很难交到朋友。游戏为情感关系的建立提供了一个组织，让孩子接触社会的能力得到了发展。

游戏、艺术熏陶和宗教活动以各自不同但彼此关联的方式促成了完整统一的性格。例如，游戏很容易被视为个体与内在现实的关系和个体与外在现实的关系之间的纽带。

从另一个角度来看这个高度复杂的问题，我们发现，孩子通过游戏将自己头脑中的想法与身体功能联系起来了。由此可见，用有意识和无意识来检视感官开发行为，将其与真实游戏相比较，是十分有益的。在真实游戏中，有意识和无意识的想法占据主导地位，而相关的身体活动要么暂时停摆，要么用于游戏情境之中。

假如有这样一个孩子，他的强迫性白日梦跟局部或全身兴奋没有什么明显的关系。只有碰到这种情况，我们才能清楚地认识到游戏中的健康成分，因为游戏将生活中的两大方面——身体的功能和思想的活力——联系起来了。在孩子努力保持完整人格的过程中，游戏可以替代感官享受。而众所周知，当焦虑到了一定程度时，孩子就会被迫寻求感官刺激。此时，游戏肯定是玩不成了。

同样，如果有这样一个孩子，他与内在现实的关系跟他与外在现实的关系没能很好地融合起来，换句话说，他的人格在这方面严重分裂了，那么，我们可以清楚地看到，正常的游戏（就像回忆和讲述梦境一样）是有利于人格的整合的。人格严重分裂的孩子是无法玩游戏的，或者说，无法以常人理解的方式玩游戏。

现在（1968年），我还想补充四点意见：

（1）游戏，从本质上来说，是一种创造性活动。

（2）游戏总是令人兴奋的，因为它涉及主观和能被客观感知的事物之间不稳定的界限。

（3）游戏发生在婴儿与母职人物之间潜在的空间里。这个潜在的空间指的是母婴关系之间所发生的变化。具体而言，原先与妈妈形影不离的婴儿开始感到要与妈妈分开了。婴儿此时的心态值得认真考虑。

（4）在这个潜在的空间里，婴儿可以在不与妈妈分离的情况下体验分离，游戏正是基于这样的机会而慢慢发展的。这种体验之所以会变为现实，是因为与妈妈融为一体的状态被妈妈对婴儿需求的自我适应所取代。换句话说，游戏的启动与婴儿开始信任母职人物的生活经历有关。

游戏是一件"对自己诚实"的事情，就像成年人着装一样。然而，这一点可以在孩子很小的时候走向另一个极端，因为，游戏和讲话一样，也可以用来隐藏自己的想法。当然，我指的是深层次的想法。无意识中受压抑的部分一定要隐藏起来。但是，无意识中的其他部分却是每个人都想要了解的内容，而游戏，就像做梦一样，发挥着自我展示的功能。

在对儿童进行精神分析时，我们发现，通过游戏进行沟通的欲望取代了成年人的言语沟通。一个三岁的孩子往往对成年人的理解能力抱有极大的信心，结果，精神分析学家频频让孩子失望。这方面的幻灭会给孩子带来巨大的痛苦，这也反过来刺激了精神分析学家。可以说，没有什么能比这个更能激励他们去进行更加深入的研究了。

　　大一点儿的孩子在这方面已经不抱什么幻想了。对他们来说，被误解了也不会感到震惊了。甚至在发现自己也会骗人，发现教育大都是在教人如何欺人、如何妥协时，也不会感到惊讶了。然而，所有的孩子（甚至包括一些成年人）都或多或少地具有重拾信任的能力。在他们的游戏中，我们总能发现通往无意识的大门，发现通往纯真诚实的大门。可奇怪的是，这种纯真诚实的品质在婴儿身上得以全然绽放，然后，随着时间的推移，渐渐萎缩，成为一朵待放的花苞。

第二十三章　孩子与性

　　就在不久之前，人们还认为把性和童年的纯真联系起来是不好的，而目前我们需要的则是对其进行准确描述。由于眼下对该领域所知甚少，因此，建议有关人员按自己的方式展开调查。如果没有条件观察，只能靠读书获得信息，那么，最好多看看几个作者的不同描述，切莫将一家之言奉为圭臬。本章的目的不是把一整套理论兜售给大家，而是简要谈谈某个人对儿童时期性行为的看法。此人的观点源于他作为儿科医师和精神分析学家的实践和经验。由于内容较多，所以，要在一章内讲完未免挂一漏万。

　　每个成年人都曾经是一个孩子，记住这一点对思考儿童心理学的各个方面都十分有用。在每个成年观察者心里，都有着他婴儿期和童年期的全部重要记忆，包括幻想的和现实的。长大以后，虽然很多东西都遗忘了，但是并没有消失。还有什么比这些记忆更能将我们引向无意识的巨大宝库呢？

　　我们可以在自己身上巨大的无意识宝库中梳理出被压抑

的无意识部分，其中包括一些性的成分。如果有谁发现根本无法容忍儿童时期性行为的存在，那最好还是转向别的主题吧。相反，如果一个观察者能自由地寻找观察对象，而又不必因个人原因太过抵触所发现的结果，那么，他就能选出最好的办法进行客观研究。因此，对想把心理学当成终生事业的人来说，一个很有必要且最有成效的方法就是个人分析。通过个人分析（如果成功的话），他不仅可以甩掉心中的抑郁情绪，还可以借助回忆和重温，发现自己早年生活中情感和冲突的本质。

弗洛伊德是最早提醒人们重视儿童时期性行为的人，他的结论是通过分析成年人得来的。这位分析师每进行一次成功的分析，都会有一种独特的体验。那就是，病人的童年期和婴儿期通过病人的回忆展现在他的眼前。他一再亲眼见证了心理障碍的自然发展史，其中交织着心理与生理、个人与环境、真实与想象、病人意识到的东西与被压抑的东西等内容。

在对成年人的分析中，弗洛伊德发现，病人性生活和性困难的根源可以追溯到青春期、童年，尤其是两至五岁这个阶段。

他发现，家庭中存在着一个三角关系，即小男孩爱上了自己的妈妈，同时，与作为性对手的爸爸产生了冲突。除此之外，根本无法解释。性元素不仅出现在男孩的幻想中，而且也会表现在其生理反应上，比如，阴茎勃起以及伴随性高潮、杀人冲动和怕被阉割的恐惧而来的兴奋情绪。这个中心主题被提取出来，称为"俄狄浦斯情结"或"恋母情结"。时至今日，它仍旧是一个核心事实，得到不断的阐述和修正，但始终不可回避。如果心理学的出发点是要掩盖这个核心议题，那么，它注定是要失败的。在此，我们不能不感谢弗洛伊德先生，感谢他坚持不懈地陈述自己一再发现的事实，并承受着大众反应的巨大冲击。

弗洛伊德之所以使用"俄狄浦斯情结"这个术语，是为了向独立于精神分析之外的对童年的直觉理解表示敬意。俄狄浦斯神话真正表明，弗洛伊德想要描述的事情早已为人们所熟知。

精神分析理论所取得的长足进步离不开俄狄浦斯情结这个核心。如果该理论真的是作为艺术家对整个儿童时期性行为或心理学的直觉理解提出来的，那么，对它的批评大都是合理的。然而，这个概念就像科学阶梯中的一级台阶。作为一个概念，它的一大优点在于，其同时触及了真实和想象两部分。按照这种理论，身体和心理其实只是一个人的两方面，它们在本质上是相关的。如果分开研究，一定会失去其自身的价值。

如果我们接受了俄狄浦斯情结这一核心事实，就有可能也有必要马上来研究一下这一概念作为儿童心理学的线索在哪些地方是不足的或不准确的。

第一种反对意见源自对小男孩的直接观察。有的小男孩的确不厌其烦地公开表达对母亲的爱慕之情，想要娶她，甚至想和她生孩子，以及随之而来的对父亲的憎恨。但是，还有很多男孩根本没有如此表达。事实上，他们似乎更爱父亲，而不是母亲。而且，无论如何，兄弟姐妹、奶妈保姆、叔叔婶婶这些人很容易取代父母的位置。直接观察并不能证实俄狄浦斯情结在精神分析学家心中的重要程度。虽然如此，精神分析学家必定会坚持自己的主张，因为他们在分析中经常发现这种现象，并且认为非常重要。同时，他们发现，这种情绪常常遭到严重压抑，只有经过长时间的仔细分析才能浮现出来。如果仔细观察孩子的游戏，就会发现，与性有关的主题和俄狄浦斯主题经常出现。但是，对儿童的游戏进行深入观察是很困难的。如果是以研究为目的，那么，最好是在分析的过程中完成。

实际上，完整的俄狄浦斯情结似乎极少在现实生活中公开上演，暗示当然是有的。但是，周期性本能兴奋所引发的强烈感受在很大程度上存在于孩子的无意识之中，或者很快被压抑下去，尽管这是真实存在的。三岁的孩子常发脾气或常做噩梦，这些现象看似很难理解。但是，答案则在于孩子对成人的莫大依恋，其特点是本能的紧张感定期加剧，爱恨碰撞导致的内心冲突急剧升级。

其实，弗洛伊德本人对这个原始观念做过修正。成年人在接受精神分析时从童年记忆中恢复得异常强烈、极其夸张的性情景未必是父母能够观察到的，却仍然是在其童年时期无意识感觉和想法之上真实重建的。

这就引出了另外一个问题：小女孩又是怎样的呢？第一种假设是她们爱上了爸爸，从而憎恨和惧怕妈妈。这也是一个事实，而且，大部分内容都是在无意识中发生的。对此，小女孩一般不会承认，除非是在极其信任的人面前。

但是，也有许多女孩并不是非常依恋爸爸，也不会冒险去和妈妈发生冲突。另一种情况是，女孩对爸爸有一定的依恋，却从与爸爸脆弱的关系中"退行"。与妈妈冲突的内在风险的确很大，因为妈妈在无意识幻想中总是与关爱、美食、地球与世界的稳定联系起来。与妈妈的冲突必定会带来不安全感，甚至会梦到大地裂开，或者其他更糟的事情。于是，女孩便面临着一个特殊的问题，那就是，爱爸爸则意味着与妈妈发生冲突，而妈妈才是她的原始初恋。

小女孩和小男孩一样，也有着基于幻想的性冲动。也许这样说对你而言会更加有用，即处于性波高峰的男孩（学步期和青春期的男孩）特别害怕阉割，而处于相应时期的女孩遇到的困难则是她与物质世界的冲突。这个冲突是由她与妈妈的竞争关系所引起的，因为妈妈最初对孩子来说就是物质世界本身。与此同时，像男孩害怕阉割一样，女孩的恐惧也是与自己的身体有关。她害怕充满敌意的母职人物会袭击自己的身体，以报复自己想偷走宝宝等东西的念头。

当谈到两性关系时，俄狄浦斯情结就显得捉襟见肘了。在孩子的日常生活中，普通的异性关系至关重要，但同时，同性关系也一直都存在着，而且，有可能比异性关系更加重要。换句话说，孩子通常都会同时认同每一位父母，在某个时段却又主要认同其中一位，而这一位不必是同性父母。在任何情况下，孩子都有认同异性父母的能力。所以，只要研究，就会发现，无论孩子的真实性别如何，他的整个人际关系都会出现在其全部的幻想生活中。当然，如果孩子主要是认同同性父母，那就方便了。可是，在对孩子的精神病学检查中，也不能因为他想成为异性父母，就妄下结论，说他是性变态，因为那很可能是孩子在特殊环境下做出的自然反应。当然，在某些情况下，双亲交叉认同可能构成其日后反常的同性恋倾向的基础。不过，在"潜伏期"内，即在第一性征期和青春期之间，双亲交叉身份认同则非常重要。

在这个描述中，有一个大家习以为常的原则，或许应该详细说明一下。性健康的基础是在童年期以及复制儿童早期发育的青春期打下的。同样，成年生活中的性异常和性变态也都始于童年早期。此外，整个心理健康的基础都是在幼儿期和婴儿期奠定的。

通常，性想法和性象征极大地丰富了孩子的游戏。如果孩子有强烈的"性抑制"，那么，随之而来的便是"游戏抑制"。由于"性游戏"缺乏清晰的界定，因此，很容易造成误解和混淆。性兴奋是一回事，把性幻想付诸行动则是另外一回事。伴随身体兴奋的性游戏是一种特殊情况，其结果对处在童年时期的孩子往往不利。对小孩子来说，兴奋或者消除膨胀通常更多地表现为挫折后的攻击性爆发，而非本能紧张的真正释放，这一点和青春期后的大孩子完全不同。孩子在睡梦中常常达到兴奋状态。当兴奋到达顶点时，身体会做出相应的反应，如尿床或从噩梦中醒来等，以此替代性高潮。性高潮时，小男孩不太可能获得和青春期后的男孩一样的满足，因为他们还需要拥有射精功能。或许，小女孩更容易得到满足，只需要接受外力即可，不需要增加任何新的功能。童年时期一定会反反复复出现本能紧张现象，因此，除了食物以外，还要提供其他的兴奋替代品，如聚会、郊游等温馨时刻。

父母对此相当清楚。他们常常不得不亲自介入，通过展示力量来诱发孩子的生理兴奋，比如，有时他们甚至一巴掌下去打得孩子哇哇大哭。好在孩子最后玩累了就会上床睡觉。即便如此，延迟的兴奋可能会扰乱孩子平静的夜晚。孩子惊醒后，要想与外在现实重新建立联系，就需要妈妈和爸爸及时出现。看到了稳定的现实世界，孩子的心情也就平复了。

所有的生理兴奋都伴有相应的想法。反过来说，所有的想法本身也都伴有相应的生理体验。童年时常见的游戏可以带来精神上的愉悦、紧张情绪的释放以及随之而来的满足，因为游戏是将幻想付诸行动的一种方式。许多正常健康的儿童游戏都与性想法和性象征有关。不过，这并不意味着玩游戏的孩子总是处于性兴奋状态。孩子玩游戏时一般都会比较兴奋，不过，这种兴奋会定期锁定在身体的某些部位上，于是，便表现为性欲、尿欲、贪吃欲以及其他身体组织引发的欲望。一旦兴奋了，就需要宣泄。对孩子来说，现成的办法就是去玩刺激的游戏，并在游戏中体验高潮，比如，假装用斧子砍掉脑袋、犯错受罚、获得奖励、被抓被"杀"、取得胜利等。

孩子把性幻想付诸行动的例子不胜枚举，但不一定每次都要伴有身体的兴奋。众所周知，很大一部分小女孩和某些小男孩都喜欢玩洋娃娃，而且，会像妈妈对待婴儿一样照顾洋娃娃。他们不仅做着和妈妈一样的事情，以此向妈妈致敬，而且，还做着妈妈本该做的事情以对妈妈表示责备。可见，孩子对妈妈的认同可以非常完整细致。跟这些事情一样，那些已经付诸行动的幻想也伴随着生理方面的体验，比如，肚子疼、恶心可能是扮演妈妈的结果。和女孩一样，男孩也会模仿孕妇挺着肚子取乐。孩子常常因肚子莫名鼓起而被带到诊所。其实，那是他们在偷偷模仿孕妇，而大人总以为孕妇不会引起孩子的注意。事实上，孩子们一直都在留意肚子隆起肿胀的样子。而且，无论你如何成功地向他们隐瞒性信息，他们对怀孕的现象都不会视而不见。然而，由于父母的小心谨慎，或者出于孩子自身的负疚感，他们可能会将信息储存在脑海里，完全没有消化吸收。

世界各地的孩子都会玩一种叫作"过家家"的游戏。海量想象材料不断丰富着游戏的内容。观察每组孩子的游戏模式，就能了解与之相关的很多事情，尤其是群体中的主导人格。

孩子之间确实经常表现出成人类型的性关系，但通常都是秘密进行的，因此，不会被刻意观察的人记录下来。当然，孩子很容易为这类游戏感到内疚。由于这类游戏属于社会禁忌之列，因此，他们也不可能不受到影响。我们不能说这些性事件本身是有害的。但是，如果它们伴随着严重的负疚感，而且又被压抑下去了，儿童还意识不到，那么，伤害就已经造成了。这种伤害可以通过恢复对该事件的记忆来消除。有时，可以说，这种难忘的事件在孩子从不成熟走向成熟这条漫长而艰难的旅途中起着重要的桥梁作用。

还有许多与性幻想不那么直接相关的性游戏。我这里并不是说，孩子满脑子只有性。可是，性压抑的孩子会是无趣的玩伴，并且，就像性压抑的成年人一样，乏味无聊。

童年时期的性行为这个主题不能仅仅局限于性器官的兴奋及其相应的幻想这两方面。在研究童年时期的性行为时，我们有可能看到具体的性兴奋是如何从所有类型的身体兴奋中发展出来的，又是如何形成与性有关的成熟的感受和想法的。成熟是从原始中衍生出来的，而性欲则是从原始的本能冲动中演变而来的。

应该说，无论男女，性兴奋的能力从一出生就已经存在了，只不过，身体各部位初期的兴奋能力意义不大。只有当孩子的人格变得完整时，才可以说，孩子是作为一个完整的人以某种特定的方式达到兴奋的。随着婴儿的成长，性兴奋与其他形式的兴奋（如尿道、肛门、皮肤、口腔等）相比渐渐变得尤为重要。到三四岁时（青春期时也一样），在婴儿健康发展的情况下，性兴奋就能够在适当的情况下支配其他功能了。

从另一个角度来说，成年人行为中各种各样的性表现都源于幼儿期。如果一个成年人不能在性游戏中十分自然、毫无意识地运用各种婴儿期或性前期的技巧，那么，这将是反常与贫乏的表现。虽然如此，在性经历中强行使用性前期的技巧来替代性器官的功能则是性变态，其根源在于儿童早期情感发展的停滞状态。在对性变态的案例分析中，总能发现，性变态者既有对性成熟的恐惧，也有以更原始的方式获得满足的特殊能力。有时，一些实际经历会诱使孩子回到婴儿式的体验之中，比如，当婴儿因使用直肠栓剂而感到兴奋时，或者当他被护士紧紧地包裹着而感到兴奋时，都是如此。

从未成熟的婴儿到成熟的孩子，这个过程漫长而曲折，这对于理解成年人的心理也极其重要。为了能够自然生长，婴儿和孩子都需要相对稳定的养育环境。

女性性欲的根源

小女孩性欲的根源可以追溯到其早年对母亲的贪婪情感。从她因饥饿而攻击妈妈的身体到她想变得跟妈妈一样成熟，这中间有一个循序渐进的过程。她对爸爸的爱取决于两方面：一个是她是否能把爸爸从妈妈身边"偷走"，另一个是爸爸是否真的疼她。的确，如果爸爸在女孩婴儿期时不在她身边，那么，女孩就无法真正去了解爸爸。因此，当她选择爸爸作为爱的对象时，可能完全是因为他是妈妈的男人。由此可以看出，偷盗、性欲和想生娃娃之间就有了一种非常紧密的联系。

其结果是，当一个女人怀孕并生下了孩子，她必须有能力处理好内心深处的这种感受，即这个孩子是从妈妈肚子里偷出来的。如果她感受不到这一点，也不了解这个事实，那么，她不仅会失去怀孕所带来的满足感，也会失去为自己的母亲生个孙子的特别乐趣。这种"偷东西"的想法可能会在女人怀孕后引起负疚感，也可能会导致流产。

了解这种潜在的负疚感对护理刚刚分娩的妈妈尤为重要。分娩后的妈妈在一段时间内会对负责照顾她和宝宝的女性极为敏感。她的确需要帮助。不过，由于受童年记忆的影响，在她眼里，那个母职人物要么心慈面善，要么凶神恶煞。一个头胎妈妈，哪怕她心理非常健康，也很容易认为护理人员在迫害她。要解释这一现象以及其他与母性有关的特殊现象，就必须追根溯源，在小女孩和妈妈的早期关系中寻找原因，其中包括小女孩的原始愿望，即撕开妈妈的身体，获得女性的魅力。

这里，还有另一个原则，值得说明一下。在精神病学中，每一种异常行为都是情绪发展障碍的表现形式，其治疗方法就是设法让病人的情绪发展继续下去。为了接近那个发展的停滞点，病人必须总是回到幼儿期或婴儿期，而这一事实应当引起儿科医生的高度重视。

心身障碍

对于执业儿科医生来说，童年时期的性行为从某一方面来讲非常重要，即性兴奋转化为类似于身体疾病带来的各类症状和生理变化。这些症状被称为心身障碍，在医疗实践中太常见了。全科医生正是从这些疾病中剔除偶尔出现的教科书上的疾病，以引起那些治疗躯体疾病专家的注意。

这些心身障碍既不是季节性的，也不是传染性的。然而，它们在每一个孩子身上都表现出一定的周期性，尽管不是十分规律。这种周期性表明，潜在的本能紧张在反复发作。

孩子之所以时不时地容易激动，一方面是由于内在原因，另一方面是受环境因素刺激所致。用一句话来描述这种状态，就是"盛装待发，无处可去"。对这种兴奋进行研究无异于对孩子的整个童年进行研究，以及如何回答孩子下面的这个问题：如何既能保持渴望和兴奋的能力，又不会因为缺乏令人满意的高潮而经历太多痛苦的挫折？儿童应对这个难题的主要办法如下。

1. 丧失渴望能力：但是，这样做会带来身体感觉的丧失以及其他不利情况。

2. 使用某些可靠的手段达到高潮：比如，大吃大喝、自慰、兴奋排泄、乱发脾气或打架斗殴等。

3. 利用身体机能的扭曲达到虚假高潮：比如，呕吐、腹泻、胆结石发作、夸大卡他性感染、对痛苦的抱怨等。

4. 多管齐下：即充分使用上述各种办法，比如，一段时间内总是感觉不好，一段时间内总是头疼或食欲不振，一段时间内容易动怒，一段时间内某些组织器官容易变得敏感。把这些症状综合起来，用现代术语来说，就是"过敏反应"。

5. 让兴奋叠加成慢性神经质：这种神经质可能会持续很长一段时间，而"焦虑症"可能是童年时期最为常见的症状了。

躯体症状和生理变化与情绪状态及情绪发展障碍有关，成为儿科医生研究的重大课题。

在描述童年时期的性行为时，不得不提到自慰。这又是一个需要研究的庞大课题。自慰要么是正常的、健康的，要么是情绪发展障碍的症状表现。强迫性自慰，如同强迫性摇头、撞头、打滚儿、咬指甲、摩擦大腿、晃动身体、吸吮拇指一样，也是焦虑的表现。如果有严重的强迫症，那说明孩子企图以此来应对更为原始的焦虑或焦虑性精神病，比如，对人格崩解的恐惧，对身体感觉丧失的恐惧，或者是对与外部现实失去联系的恐惧。

也许，自慰最常见的障碍是对自慰的抑制。或者说，孩子在应对难以容忍的焦虑症、匮乏感和失落感时所使用的自我管理防御体系中，并没有自慰一项。婴儿一出生就会玩弄自己的嘴巴，吸吮自己的拳头。事实上，他需要以此来安慰自己。有时，饥饿的婴儿会把手放进嘴里，即便他有更好的选择——吸吮妈妈的乳房。如果大人给婴儿设限，那么，他的需求会变得越发强烈。在整个婴儿期，他都会设法从自己身上获得满足，包括吸吮拳头、吸吮拇指、排尿排便、握住阴茎等。小女孩也有相应的满足方式。

普通的自慰不过是利用自然资源来获得身体的满足，以抵御挫折及其随之而来的愤怒、憎恨和恐惧情绪，而强迫性自慰则意味着要面对的潜在焦虑程度太高。也许，婴儿需要喂奶的间隔时间再短一点儿；也许，他需要妈妈更多的关爱；也许，他希望身边时时刻刻都会有人；也许，他希望过度焦虑的妈妈能离他远一点儿，好让他在婴儿车里安静地躺着。当自慰成为一种症状时，设法处理潜在的焦虑才是正道，将其强行停止则毫无道理可言。不过，也必须认识到，在极少数情况下，持续自慰会让孩子筋疲力尽。此时，必须采取强制手段加以制止，从而让孩子从中得到解脱。虽然这能让孩子暂时得到解脱，但是，到了青春期时，新的困难必然会再度出现。由于适时制止儿童自慰已经刻不容缓，所以，未来几年将出现的麻烦似乎也就没那么重要了。

如果一切正常，伴随着性想法的自慰很难让人发现，充其量也只能从孩子的呼吸变化或额头的汗水中看出一些端倪。然而，当强迫性自慰伴随着性感受抑制时，麻烦就来了。在这种情况下，孩子会因勉强达到高潮和满足而变得疲惫不堪。如果放弃自慰，就意味着现实感或价值感的丧失。可是，如果坚持自慰，又会最终导致身体虚弱。比如，臭名昭著的黑眼圈就恰恰表明孩子内心在痛苦地挣扎，而这又常被误以为是自慰所致。有时，用严父般的管教帮孩子脱离困境反倒是仁慈之举。

对儿童（及成人）的精神分析研究表明，男性生殖器在无意识状态下比在对其进行直接观察时所受到的重视程度要高出很多。如果允许的话，许多男孩当然愿意公开表达他们对阴茎的兴趣。起初，小男孩重视自己的生殖器，就跟重视脚指头和身体的其他器官一样。可是，当经历了性兴奋之后，他们就会明白，原来，阴茎还有着特殊的用途。与情爱相关的勃起决定了孩子必然会产生阉割恐惧。男婴在阴茎兴奋时也有着类似的幻想，而这在很大程度上取决于早期勃起时的幻想类型。

生殖器兴奋的起始时间说法不一。有人认为，生殖器兴奋在婴儿早期几乎是不存在的；也有人认为，婴儿从出生之日起就一直存在着勃起现象。人为地唤起阴茎兴奋自然是没有好处的。就拿包皮环切术来说。包皮切除之后的敷料常常刺激阴茎勃起，引起勃起与痛苦之间不必要的联想。这也就是最好不要做包皮环切术的原因之一。当然，宗教原因除外。比较理想的情况是，在身体其他器官确立了各自的重要性之前，生殖器兴奋并不是一个十分显著的特征。当然，任何对婴儿生殖器的人为刺激（比如，术后的包扎过程，或者未受过教育的保姆想以此为婴儿催眠）都会让事情变得更加复杂。要知道，孩子的情感发展过程本身就足够复杂的了。

对小女孩来说，男孩那看得见、摸得着的生殖器（包括阴囊）很容易成为她羡慕的对象，而在她对母亲的依恋沿着与男人认同的方向发展时尤其如此。然而，事情并没有这么简单。毫无疑问，很大一部分小女孩都非常满足于自己更为隐蔽却同样重要的生殖器，对男孩脆弱的附属器官不以为然。渐渐地，女孩便会认识到自己乳房的价值。乳房之于女孩，好比阴茎之于男孩，非常重要。当女孩认识到自己具备男孩所没有的能力（生儿育女的能力）时，就会明白，男孩其实没有什么好羡慕的。然而，如果她因过度焦虑从普通的异性恋退回到对母亲或母职人物的依恋时，那么，她必然想要变得像男人一样。这时，她一定还会羡慕男孩。很自然，如果大人不允许小女孩或者小女孩不允许自己知道，生殖器其实是其身体上一个令人兴奋又极为重要的部分，或者说，如果大人根本不允许小女孩提及它的话，那么，她就会越来越羡慕阴茎了。

阴蒂欲与尿道欲关系密切，这很容易让女孩产生与男性认同相关的幻想。通过阴蒂欲，女孩可以了解男孩阴茎欲的感觉。同样，通过会阴皮肤，男孩也能了解女孩外阴的相应感觉。

这与肛欲完全不同。肛欲是两性都有的正常特征，它与口腔、尿道、肌肉和皮肤欲一起为性行为提供了早期根源。

在社会学、民俗学以及原始民族的神话传说中，都有证据表明人们对父辈或祖辈阳具的崇拜及其象征意义和重大影响。在现代家庭中，这些东西的重要意义丝毫不减，只是更加隐蔽罢了。但是，当一个孩子的家庭破裂时，这种重要性就显现出来了。孩子突然间失去了长久依赖的象征，仿佛是一只没有罗盘的小船，在汪洋大海上痛苦地漂浮着。

孩子的生活里不光有性，就像你最喜欢的花不光有水分一样。不过，水分是花的主要成分。如果植物学家在描述植物时忘了提及水分，那将是重大的失误。五十年前，心理学界就存在着这样的危险，他们差一点儿因童年时期的性行为这个禁忌话题把性从儿童的生活中抹去。

童年时期，性本能以高度复杂的方式将各种成分集中起来，让健康孩子的整个生活变得充实而复杂。童年时的许多恐惧都与性想法、性兴奋以及随之而来的有意识和无意识的心理冲突有关。孩子性生活方面的困难也是很多心身障碍的主要诱因，尤其是那些复发性的障碍。

青春期和成年期性行为的基础可以追溯到童年时期，性变态和性障碍也不例外。

成人性障碍的预防以及除了纯遗传性精神病和心身障碍之外的疾病的预防都属于婴幼儿护理的范畴。

第二十四章　偷盗和撒谎

生过几个健康孩子的妈妈都知道，每个孩子都会时不时地弄出一些突出的问题，二至四岁的孩子尤其如此。有的孩子半夜里大喊大叫，弄得邻居以为他受到了虐待；有的孩子拒绝接受清洁训练；有的孩子太爱干净，太听话，弄得妈妈怀疑他缺少主动性和进取心；还有的孩子动辄发飙，每次发作起来都十分吓人，要么用脑袋撞墙，要么屏住呼吸，直到脸色憋得发紫，把妈妈弄得山穷水尽，无计可施。类似的事情天天在家里上演，你尽可以列出一条长长的清单。在众多不愉快的事情中，有一件事情可能会引起特殊的困难，那就是偷盗的习惯。

小孩子经常从妈妈的手袋里掏出硬币。通常，这不算什么问题。孩子会把手袋里的东西全都翻出来，散落一片，妈妈对此也十分宽容，不但不生气，反而觉得好玩。有心的妈妈甚至会准备两个手袋，一个从来不让孩子够着，另一个普通一点儿的是专门为孩子探索用的。随着年龄的增长，孩子不再玩这种游戏了，甚至想都不会去想一下。在妈妈眼里，这是健康成长的标志，也是孩子与自己和他人原初关系的一部分。

　　然而，当妈妈偶尔发现孩子拿了自己的东西并藏起来时，真的会很担心。其实，这一点不难理解，因为妈妈看到的是另一个极端，即孩子长大了，会偷东西了。家里出了个会偷东西的孩子（或大人），没有什么比这个更令人不安的了。这样一来，不但家人之间失去了信任，不能随意放置自己的东西，而且还必须采取特别措施来保护重要的财物，比如，钱、巧克力、糖果等。这就意味着家里住着个"贼"。很多人一想到"偷盗"就非常反感。面对偷盗，他们会感到不安，就像听到"自慰"这个字眼儿时的反应一样。除了遭遇过小偷的经历之外，他们还发现，一想到"偷盗"，就令他们坐卧不宁，因为他们在童年时期就曾和自己的偷盗欲望进行过激烈的斗争。正是因为对偷盗有一种不爽的感觉，所以，妈妈们有时会表现出不必要的担心。其实，小孩子拿妈妈的东西是很正常的。

　　仔细想一想，你就会发现，在一户普通的人家里，也就是在一个没有谁应该称为"小偷"的家庭里，大量的偷盗行为时时都在发生着，只是它们不叫"偷盗"而已。比如，孩子去食品柜里拿一两个小面包，或者从橱柜里拿一块方糖。在一个良好的家庭里，没有人会说这个孩子是小偷（可是，在护理机构中，同样的情况可能会受到惩罚，因为那里恰好有这样的规定）。父母也许有必要设立规矩，以便维持家庭的良好运转。父母不妨制定这样一个规则，即孩子可以随便去拿面包或某种蛋糕，但是，不能去拿特制蛋糕，也不能从储藏柜里拿糖吃。这样的事情会反复发生，而家庭生活在某种程度上就是如何处理父母子女在这些及其他方面的关系。

比如，有这样一个孩子。他经常去偷苹果，自己不吃，却马上送人。这是一种强迫行为，是不健康的。你可以把他叫作小偷。可是，连他自己也不知道为什么要那么做。如果硬逼他说出理由，他只好撒谎。问题是，男孩究竟在干什么（当然，这个孩子也可以是一个女孩。为了叙述方便，姑且说成男孩吧）？其实，这个小偷并不是在寻找他的"战利品"，而是在寻找一个人。他在寻找自己的妈妈，只是他自己不知道而已。对这个小偷来说，真正能给他带来满足感的并非什么名牌自来水笔、邻居家栏杆上的自行车或果园里的苹果。一个在这方面不健康的孩子是无法享受偷来的东西的。他只是在把一个幻想付诸行动而已，而这个幻想属于他的原始爱欲冲动。可是，他能做的充其量是享受一下幻想变行动的过程，享受一下技巧的运用。事实上，他在某种意义上已经与妈妈失去了联系。妈妈可能还在，也可能不在。她甚至可能是一个理想的妈妈，能给予孩子所需的全部的爱。然而，从孩子的角度来看，还是缺少了某些东西。孩子也许很喜欢妈妈，甚至爱上了妈妈。但是，出于某种原因，他在更原始的意义上失去了她。于是，这个偷东西的孩子又变成了一个小婴儿，在寻找自己的妈妈，或者说，在寻找那个他有权去她那里偷盗的人。实际上，他在寻找那个能让他拿到东西的人。这就像小婴儿和一两岁的小孩一样，他从妈妈那里拿到东西，仅仅因为她是妈妈，他有权利这么做。

还有一点，他的妈妈确实是属于他的，因为妈妈是他创造的。他对妈妈的概念脱胎于自己渐渐拥有的爱的能力。假设有这么一位太太。她已经有了六个孩子了。有一天，她又生了一个小宝宝，起名叫约翰尼。她喂养他，照顾他。后来，她又生了一个。从约翰尼的角度来看，在他出生时，这个女人就是他创造的一件东西。通过主动适应他的要求，她让他明白了什么是明智的创造，因为她这个活生生的例子就摆在那里。

妈妈给他的东西必须是主观的东西，也就是他想象出来的东西，因为"客观"二字对他来说还没有任何意义。最终，在追溯偷盗的根源时，我们总能发现，小偷需要的是重新建立他与外部世界的关系，而前提则是重新找到那个理解他、配合他、甘于奉献的人。实际上，这个人给了他一种幻觉，让他认为这个世界上有他想象出来的东西，让他能够把他想象出来的东西置于一个共享的外部世界里。在这个世界里，有一个愿意全心全意为他奉献的人。

这个观点有什么实际意义呢？意义就在于，每一个健康的婴儿起初都在心里创造了一个主观的妈妈，慢慢地才能客观地感知真实的妈妈。这个痛苦的过程就是所谓的"幻灭"。我们没有必要主动让一个孩子的幻想破灭。更确切地说，普通的好妈妈会设法阻止孩子的幻想破灭。如果这件事情一定要发生，那也必须是在妈妈觉得孩子能够承受并乐于接受的情况下发生。

一个从妈妈钱包里偷拿零钱的两岁孩子是在扮演一个饥饿的婴儿的角色。他认为自己创造了妈妈，所以，对妈妈和妈妈的东西便有了所有权。谁知道幻灭很快就会到来。比如，一个新生儿的到来就是一种可怕的打击，哪怕他为她的到来做好了准备，哪怕他对她颇有好感。新生儿的到来让孩子原以为自己创造了妈妈的想法一下子幻灭了，而这又很容易引起一段时间的强迫性偷盗。你会发现，孩子对占有妈妈失去了兴趣，转而开始强迫性地拿走东西，尤其是甜食，然后，把它们藏起来。不过，他并没有因此获得什么满足感。如果父母明白这种强迫性偷盗的意义，就会理智行事。他们会容忍这种情况，会确保这个满脸嫉妒的孩子每天至少能够得到一定时间的特别关注，而且每周还能得到一个硬币的零钱。最重要的是，理解这种情况的父母不会严厉训斥孩子，不会逼他认错，这是因为他们心里清楚，如果他们真的那样做了，孩子不仅会偷东西，而且还会开始撒谎。果真如此，那就完全是他们自己的过错了。

以上这些都是普通的健康家庭中常见的事情。在绝大多数情况下，整件事情都能得到合理处置，那个一时堕入强迫性偷盗的孩子也会恢复如初。

不过，父母对孩子的管理模式也有不小的差异。有的对发生的事情十分了解，尽量避免采取不明智的措施，有的则觉得一定要在偷盗早期将其戒掉，否则，孩子长大以后很有可能真的成为小偷。即便事情最终进展顺利，然而，由于对这类细节处理不当或管理不善，孩子所遭受的不必要的痛苦一定是巨大的。说实话，孩子在成长中所要经历的痛苦已经够多的了。这不仅仅表现在偷盗这一件事情上。事实上，在各方面，那些遭受了太多或太突然的幻灭感的孩子都会稀里糊涂地做出一些强迫性的行为，比如，乱拉乱尿、拒绝按时排便、将花园里植物的顶端削掉等。

有些父母觉得他们必须弄清这些行为的真相，必须让孩子把自己的所作所为解释清楚，这无疑大大增加了孩子早已重重的困难。孩子不可能给出真正的原因，因为他自己也不知道为什么会那么做，结果可能是，他不但不会因父母的误解和责备而产生深深的负疚感，反而会变得人格分裂，一部分非常严格，另一部分则被邪恶的冲动所控制。孩子不再感到内疚，而是变成了人们口中的骗子。

然而，一个人自行车被盗，其震惊程度不会因为知道小偷是在无意识中寻找妈妈而有所减轻。这完全是另一回事。受害者的报复情绪当然不可忽视。任何对犯罪儿童感情用事的企图只会适得其反，结果只能加剧社会对罪犯的敌对情绪。少年法庭的法官不能仅仅认为小偷心理不健康而忽视其违法行为的反社会本质及其在事发当地必然引起的民愤。事实上，当我们请求法庭认可小偷心理不健康这一事实并对其从轻发落时，我们正在给社会施加巨大的压力。

当然，还有许多偷盗行为是从来不会被送上法庭的，因为普通的好父母已经在家里把这些事情圆满解决了。可以说，小孩偷拿东西这种事妈妈根本不会放在心上，而且，她做梦也不会把它叫作偷盗。在她眼里，这很好理解，那就是，孩子的所作所为纯粹是对爱的表达。在管理四五岁的孩子或者正在经历一定程度的强迫性偷盗阶段的孩子时，父母的容忍力当然会受到考验。我们应该竭力帮助这些父母理解事情的前因后果，帮助他们引导孩子去适应社会。正因如此，我才把我的观点表达出来。当然，我是有意识地把这个问题简单化了，为的是让好父母和好老师能够充分理解。

第二十五章　孩子首次尝试独立

心理学要么流于表面，要么晦涩难懂。在对婴儿初期活动及其睡前或不安时所使用的东西进行研究时，却出现了一个奇怪的现象。那就是，这些东西似乎就存在于浅层与深层之间，存在于对明显事实的简单考察和对复杂的无意识领域的深入探究之间。有鉴于此，我想请大家注意一下婴儿是如何使用平时常见的物品的，并借此表明，我们从日常观察中以及从平常的事实中就能了解到很多东西。

我要和你说的东西很简单，就像孩子玩的泰迪熊一样。每个照顾过孩子的人都能说出一些有趣的细节，而这些细节和其他行为模式在每个孩子身上都独具特点，各不相同。

众所周知，一开始，婴儿通常会把小拳头塞进自己的嘴里。很快，他就形成了一种模式，可能会吮吸某一根指头，某两根指头或大拇指。与此同时，他会用另一只手去摸妈妈身体的某个部位，去摸床、毯子、毛料的一角或者自己的头发。这里发生了两件事情：一是把手放进嘴里，这显然是与兴奋的进食有关，二是远离兴奋的一个阶段，更接近于深情。在这种深情的抚摸活动中，婴儿可以与周边某个东西建立一种关系，而这个客体对婴儿来说可能变得非常重要。从某种意义上讲，这是婴儿的第一份财产，也就是说，这是世界上第一件属于婴儿的东西，然而，它又与婴儿的拇指、手指和嘴巴不同。这件事非常重要！它证明，婴儿开始与世界发生关系了。

这些事情随着婴儿安全感的开始而发展，随着婴儿与他人关系的建立而发展。它们是婴儿情感发展顺利的证据，也是婴儿关系记忆开始形成的标志。这些事情在婴儿与客体（我把它称作过渡性客体）新建的关系中可以再次利用。当然，这不是说客体本身是过渡性的，它代表着婴儿从与妈妈关系的融合状态过渡到与妈妈分离的外在状态。

虽然我很想强调这些现象所代表的健康意义，但是，我并不想给人留下这样的印象，那就是，如果婴儿没有培养出我所描述的那种兴趣，一定是出了什么问题。在某些情况下，有的婴儿需要的只是妈妈本人，而有的则会找到一个很好的过渡性客体，甚至是理想的过渡性客体，只要妈妈隐藏在背后即可。不过，婴儿常常会迷恋上某个物品，这个物品很快便有了自己的名称。探究这个名称的来历很有意思，它往往源自婴儿开口说话之前听到的某个词汇。很快，父母和亲属就会送给婴儿很多柔性玩具。或许是因为成人的缘故吧，这些玩具都做成了动物和宝宝的形状。不过，在婴儿眼里，形状本身并不重要，重要的是玩具的质感和气味，尤其是气味。所以，父母一定要明白，这些玩具一旦洗了，就不好了。为了防止孩子哭闹，平时很爱干净的父母常常被迫带着又脏又臭的柔性玩具四处走动。这是因为，此时的婴儿已经长大了一些，他希望玩具能招之即来，希望有人能一遍一遍地把他从小床里扔出去的玩具给捡回来，希望能随时拿来撕咬着玩。事实上，他会随心处置手里的玩具，因为他是完全受制于一种非常原始的爱欲，一种掺杂了深情的爱抚与毁灭性的攻击的情感。慢慢地，婴儿的玩具会越来越多，其设计也越来越像动物或宝宝了。随着时间的推移，父母会教孩子说"谢谢"。这就意味着，孩子必须认识到，洋娃娃和泰迪熊均来自外部世界，而非他想象的世界。

如果回到第一件物品，如一块方丝巾、一条特制的羊毛围巾或是妈妈的一方手帕，必须承认，从婴儿的角度来看，不应该要求他说"谢谢"，也不应该要求他承认这件物品源自外部世界。在婴儿眼里，这第一件物品的的确确是源自他想象的世界。这是婴儿创造世界的开始。我们似乎必须承认，对每一个婴儿来说，世界必须再造一遍。对这个人类的新成员而言，世界目前的样子毫无意义，除非被重新创造，重新发现。

婴儿在遇到压力（尤其是在睡觉之前）时，会搬出各种各样的"宝贝"，弄出各种各样的花样。对此，我们很难做出公正的评判。

有一个女婴喜欢一边吮着拇指，一边摸着妈妈长长的头发来安慰自己。等到她自己的头发够长时，她就用它遮住自己的脸，闻着头发的味道入眠。她一直都是这样，直到有一天，她长大了一点儿，想把长发剪掉，让自己看上去像个男孩儿。她对短发很满意，可没想到，临睡前，突然变得抓狂起来。好在她的父母留着她的头发，把其中的一缕给了她。她立刻像先前一样把头发敷在脸上，闻着它的味道安然睡去了。

有一个男婴很早就对彩色羊毛被感兴趣。不到一岁时，他就喜欢把被子上的毛线拽出来，然后按照颜色分类。他对羊毛材质和颜色的兴趣一直未减，所以，长大后便成了一家纺织厂的色彩专家。

上述例子的价值在于，它们一一表明了健康的婴儿在面对压力和离别时的种种表现及其使用的种种技巧。几乎每一个抚养孩子的人都能举出无数的例子。只要你认为所提供的例子都很重要，那么，每一个例子研究起来都很有趣。有时，我们发现，婴儿使用的不是物品，而是一些技巧，如低声哼唱，或者更为隐蔽的活动，如把看到的光线匹配起来，或者研究边界之间的相互关系，如在微风中轻轻摆动的两层窗帘，或者随婴儿头部移动而相互变化的两个物体的重叠。有时，也会用思考来替代这些看得见的活动。

为了说明上述事情都是正常的，我想请大家注意一下分离对孩子的影响。粗略地说，当妈妈或婴儿所依赖的其他人离开时，婴儿不会立刻出现什么反应，这是因为婴儿心里还住着一个妈妈，至少可以顶替一段时间。如果妈妈离开的时间超过了一定限度，那么，内心里的妈妈也会渐渐消失。与此同时，所有的过渡现象都变得毫无意义，婴儿也无法利用它们安抚自己。这时，我们看到的是一个需要护理、需要喂奶的婴儿。如果他此时被单独留下，很可能会诉诸那些能带来感官满足的刺激活动。此处他失去的是整个可以深情接触的中间地带。如果间隔时间不是太长，那么，随着妈妈的回归，在婴儿的心里又会重建一个新的妈妈。不过，这可能需要一段时间。婴儿对妈妈信心的成功恢复表现在中间地带活动的展开。如果之后孩子感到被抛弃了，情况就会变得异常严重，比如，不会玩游戏了，不会表达亲情了，也不能接受母爱了。其结果不言自明，可能会导致强迫性行为。这样的孩子在恢复期内可能会出现偷盗行为。从某种意义上说，他这是在寻找过渡性客体，因为随着内心里那个妈妈的消失或死亡，过渡性客体也不复存在了。

有一个女婴总是吮吸裹在拇指上的粗糙的呢绒。三岁时，那块呢绒被强行拿走了，从此，她吃拇指的毛病就算被"治好"了。后来，她患上了严重的强迫性咬指甲症。每次睡前，在强迫自己阅读的同时，还要迫使自己去咬指甲。

十一岁那年，当她在别人的帮助下回忆起那块呢绒上面的图案以及对它的依恋时，咬指甲的行为才终于改掉了。

在健康状态下，从过渡现象和客体，再到拥有完整的游戏能力，都有一个演变的过程。不难看出，游戏对孩子来说至关重要，而且，游戏能力是情感健康发展的标志。我想请大家注意的是，游戏的前身就是婴儿与首个客体之间的关系。我的希望是，如果父母明白这些过渡性客体是正常的，也是健康成长的标志，那么，他们就不会再为带孩子外出时随身携带一些奇怪的玩具而感到难为情了。他们不但不会鄙视这些东西，还会尽量避免把它们弄丢。这些东西就像老兵一样会渐渐凋零。换句话说，它们成为一组现象，延展到儿童游戏、兴趣和文化活动的整个领域，而这个广阔的中间区域恰好介于外部世界和梦想世界之间。

　　显然，将外部现象与梦想世界分开是一项繁重的任务。我们都希望能做到这一点，这样，才能称得上心智健全。尽管如此，我们都需要有一个休息区域，而这个休息区域是从文化兴趣和活动之中得到的。就孩子而言，要给予他们更加开阔的空间，而在这个空间里，想象占据着主导地位。因此，一方面利用外部世界的资源，另一方面又保持着梦境的张力，便成为儿童生活的主要特征。对刚刚踏上成人心智健全建设这条艰难之路的婴儿来说，允许有一个中间地带，尤其是在清醒和睡眠之间。而我所提到的这些现象及过渡性客体都包含在最初给予婴儿的休息区域之内。那时，我们并不指望他能把梦境和现实分得一清二楚。

　　作为一名儿童精神病医生，当我接触到儿童看着他们画画、听着他们谈论自己和自己的梦时，我常常会惊讶地发现，儿童都能轻易记得早期那些过渡性客体。他们通常能记住父母早已忘记的布头或奇形怪状的东西，这着实让父母大吃一惊。如果某个物品还在，只有孩子才知道它到底放在了哪里。它或是在几乎被忘掉的弃物堆里，或是在最下层的抽屉里面，或是在壁橱的最上层。如果这个东西偶然丢失，如果因父母不理解其真正意义而把它送给了别的宝宝，那么，孩子会非常难过。相反，有些父母对这些物品的意义非常熟悉。因此，当婴儿一落地，他们就拿起家中的过渡性客体，塞到宝宝的襁褓里，以期能产生和上个宝宝一样的效果。当然，他们可能会失望，因为以这种方式出现的物品对婴儿能否产生作用，谁也说不清楚，只能视情况而定。然而以这种方式出现的过渡性客体有其危险性倒是显而易见，因为这从某种意义上剥夺了新生儿主动创造的机会。的确，当孩子能够自发利用家里的物品时，对他的成长十分有利。那个物品会得到一个名字，而且常常还会成为家中的一员。婴儿对这个物品的兴趣最终会延伸到洋娃娃、别的玩具和小动物身上。

对于父母来说，这是一个非常有趣的话题，值得好好研究。父母无须成为心理学家，只需认真观察和详细记录这些客体和技巧在婴儿特有的中间区域的发展轨迹，就可以收获满满。

第二十六章　对正常父母的支持

读到这里，你一定发现，我一直都在说着一些正面的事情。的确，我并没有详细阐述应该如何克服困难，或者当孩子出现焦虑的迹象时，当父母当着孩子的面吵架时，究竟应该如何去做。不过，我却一直尝试着给天性健康的正常父母提供一些支持，因为他们很可能家里都养着普普通通的健康孩子。要说的东西很多，这里就算个开始吧。

也许有人要问：为什么要不厌其烦地跟已经做得很好的人聊这些呢？毕竟，那些遇到困难的父母更需要帮助啊！那好吧，我尽量不让这样的事实把我压垮，那就是，毫无疑问，在英国，在伦敦，甚至在我工作的医院附近，苦恼无处不在。我非常了解这些苦恼，了解普遍存在的焦虑和抑郁。然而，我的希望是建立在稳定健康的家庭之上的。我看到这些家庭正在我周围组建起来，它们构成了未来几十年社会稳定的唯一基础。

还有人可能要问：为什么要关心那些业已存在且给人希望的健康家庭？难道他们不会自我管理吗？对此，我倒有一个支持他们的很好的理由，那就是，好东西总有人想毁掉。有人认为，好东西不会受到攻击这种想法是很不明智的。更确切地说，好东西要想存留下来，必须受到保护。人们在潜意识里往往都憎恨好东西，害怕好东西，其主要表现形式为无端的干涉、琐碎的规矩、法律上的限制及其他愚蠢的举措。

我并不是说父母都被官方政策捆住了手脚。英国政府千方百计赋予父母自由选择的权利，他们可以接受也可以拒绝政府提供的东西。当然，生老病死一定要登记，某些传染病必须上报，五到十五岁的孩子必须上学。孩子触犯了法律，父母也要接受某些惩罚。然而，国家也提供了大量的服务，父母可以选择，也可以拒绝，比如，幼儿园、天花疫苗接种、白喉免疫、产前产后检查、鱼肝油、果汁、牙科治疗，还有为婴儿提供的廉价牛奶和为大孩子提供的学校加餐奶等。所有这些服务都是现成的，但并非强制性的。以上这些都说明，如今的英国政府确实认识到这样一个事实，即只有一个了解事实、接受过教育的好妈妈才能正确判断哪些东西对孩子好，哪些东西对孩子不好。

问题是，正如已经提到的那样，并非所有公共服务的管理者都相信妈妈最理解自己的孩子。医生和护士常常对有些父母的愚昧无知感到惊讶，所以根本不相信他们还有育儿方面的智慧。医生和护士对妈妈缺少信心明显是受其专业训练的影响。虽然他们在疾病和健康方面是行家，却未必了解为人父母的全貌。当妈妈对他们的专业建议提出质疑时，他们会轻率地以为妈妈是因为固执才这样做的。然而，真实情况是，妈妈确实知道，在宝宝断奶期间，强行把他带离她的身边送到医院，会对他造成伤害。她也知道，在小儿子被送到医院做包皮环切手术之前，应该让他更多地了解一下这个世界。她还知道，就因为极度紧张就给自己的小女儿打针或免疫接种也是合适的，除非她得了传染病。

医生决定给孩子做扁桃体手术，妈妈很担心怎么办？医生当然很了解扁桃体，但是，他常常无法说服妈妈，让她明白，自己真的很清楚让一个感觉良好却听不懂解释的小孩去做手术有多严重。如果可能，妈妈只能坚持自己的看法，不让孩子做手术。如果妈妈受过儿童人格发展方面的教育，也相信自己的直觉，那么，她就可以把自己的想法告诉医生，与医生一起形成方案。如果医生尊重父母的专业知识，就能轻松赢得他们对自己专业知识的尊重。

父母知道，婴儿需要一个简单的成长环境，直到他能理解复杂的意义，并接受这一现实。等到有一天，当孩子的扁桃体真的需要切除时，完全可以切除，而且也不会阻碍其人格发展。他甚至可以在住院经历中找到兴趣和乐趣。打个比方，他越过了巅峰，向前迈进了一步。然而，这一次取决于他是什么样的孩子，而不仅仅是年龄问题。这一点只有跟他亲密相处的妈妈才有资格评判。不过，医生理应帮助妈妈厘清这些思路。

英国对父母实施的非强制性教育政策确实是明智的，下一步就是对公共服务管理人员进行教育，加深他们对普通妈妈对于孩子的情感及其直觉知识的尊重。妈妈是养育孩子的专家。如果她没有屈从权威的声音，那么，她就会很清楚，在照顾孩子方面，哪些是好的，哪些是不好的。

从长远来看，任何否定父母都有责任感的观点都会危及社会的核心。

重要的是，个体在一个稳定的家庭里从婴儿到儿童再到青少年的成长经历。这个家庭认为自己有能力自行处理局部问题，即微型世界的问题。虽然是微型世界，但是在感情的强度和经验的丰富程度方面并没有丝毫减弱。所谓微型，只是不那么复杂而已。

如果我这里写的东西充其量只能激励人们在这方面比我做得更好，能支持普通民众，能为他们良好的直观感受提供真实恰当的理由，那我就知足了。作为医护人员，让我们尽己所能为病人的身心健康提供帮助，让国家尽其所能为因故陷于困境、需要照顾和保护的人们提供帮助。但是，我们也不要忘记，所幸还有许多正常的男女，尤其是民众中有一些比较单纯的人，他们不惧怕自己的直观感受，我们也无须惧怕他们的直观感受。为了激发父母最好的一面，必须让他们全权负责自己的事情，全面抚养自己的家人。

第三部分

孩子与大千世界

第二十七章　五岁以下婴幼儿的需要

　　婴儿和幼儿的需要其实差别不大，这些需要都是与生俱来且固定不变的。

　　用发展的眼光看待孩子十分必要，也十分有益，这对研究五岁以下的孩子尤为重要，因为四岁的孩子同时兼具三岁、两岁和一岁孩子的特点，而且与刚断奶、刚出生，甚至仍在子宫里的婴儿无异。孩子在情绪年龄上就是这样来来回回变化不停。

　　就人格和情绪管理而言，从新生婴儿到五岁的孩子是一个漫长的历程。要走完这段历程需要具备一定的条件。这些条件过得去就行，因为随着孩子智能的发展，他能够容忍失败，并通过提前准备来应对挫折。众所周知，儿童个人成长所必需的条件本身不是静态的或一成不变的，而是随着婴儿或儿童的年龄及其需要的变化在量和质的方面发生着变化。

　　让我们来仔细看看健康的四岁孩子的情况吧。白天里，孩子在一定程度上像成年人一样世故。男孩会认同爸爸，女孩会认同妈妈，而且，还会出现交叉认同。这种认同能力既表现在实际行动中，又表现为在有限的时间和范围内对责任的担当。在游戏中，它表现在婚姻生活、为人父母、教育子女等一系列任务和乐趣中。同时，它还表现为这个年龄段特有的猛烈无比的爱和嫉妒。它不仅存在于白天的幻想里，更多地存在于孩子的睡梦中。

这些都是健康的四岁儿童身上的一些成熟要素，特别是考虑到源于儿童本能的生活强度。本能是兴奋的生物基础，兴奋的表现并非是杂乱无章的。总的来说，先是紧张感的不断增强，再到高潮，最后是满足之后的适当放松。

五岁以前孩子的梦是热血沸腾的，这是成熟的标志。在梦中，孩子处于三角人际关系的顶端。在热血沸腾的梦中，我们称之为本能的生物驱力被接纳。这个了不起的成就说明孩子的心理发展赶上了生理成长。所以在梦中以及在清醒生活背后的潜在幻想中，孩子的身体功能也卷入了固有的强烈爱恨冲突之中。

这就意味着，除了身体尚未成熟带来的生理限制以外，性的全部内容都已包含在孩子的健康范围之内。通过梦、游戏等象征形式，性关系的细节成为童年时期的重要体验。

发育良好的四岁孩子有一个需要，即要有一个可以认同的父母。在这个重要的年龄段，强行给孩子植入道德准则或灌输文化模式并无益处。真正起作用的因素是父母本身、父母的行为举止以及父母的相互关系，而这些东西都是孩子可以轻易察觉到的。孩子正是将这些因素记在心里，或模仿，或对抗，或以无数种方式运用于自我发展的过程之中。

此外，以父母关系为基础的家庭有一种特殊作用，即存续功能。孩子表达出来的恨意以及噩梦中出现的恨意都能被孩子接受，因为，事实上，尽管家里有最坏的情况发生，家庭依然存在，毕竟家里还有最好的一面。

然而，一个偶尔表现得异常成熟的四岁半的孩子可能会因手指划破或意外摔倒而突然变成一个两岁的孩子，需要大人的安慰。而且，在睡觉之前，很容易表现得像个婴儿。任何年龄的孩子都需要深情的拥抱，都需要一种生理形式的爱，那种爱是妈妈在子宫里孕育胎儿和在臂弯里怀抱婴儿时自然给予的。

事实上，婴儿一开始并不能认同其他人。完整自我的建立需要一个过程。在这个过程中，还要慢慢培养出一种能力，能感受到外部世界和内部世界相互关联，但又与自我不同。自我是独特的个体，世界上找不到两个完全一样的孩子。

就三到五岁的孩子而言，首先要强调的是，他们要有与年龄相符的成熟度，因为健康的婴幼儿一直在为这种成熟而努力，这对个人未来的发展至关重要。同时，五岁以下孩子的成熟度里又夹杂各种程度的不成熟的成分。这些不成熟的成分是健康的依赖状态的"残留物"，是所有早期成长阶段的特征。要给出儿童不同发展阶段的看法比试图描绘四岁孩子的综合面貌要容易得多。

即便是要做一个精练的陈述，也要分离出下列要素：

（1）三角关系（家庭关系）。

（2）两人关系（妈妈向婴儿介绍世界）。

（3）妈妈与未整合状态的婴儿之间的关系（妈妈在婴儿感受到自己是一个完整的人之前始终把他看成是一个完整的人）。

（4）以身体管理方式表达的母爱（母性技巧）。

1. 三角关系

当孩子成为一个完整的人时，就会卷入三角关系。在潜在的或无意识的梦中，孩了会爱上父母中的一方，并因此憎恨另一方。在某种程度上，这种仇恨会直接表达出来。如果孩子能把早期潜在的攻击性残留物全都聚集在一起并以仇恨的方式表达出来，那么，他将是十分幸运的，因为这一点是可以接受的，毕竟它的基础是原始的爱。然而，在某种程度上，这种仇恨又被孩子梦中认同对手的能力所消化。在这里，家庭承载着孩子和孩子的梦。三角关系因此有了一种现实的形态，且保持不变。这种三角关系也存在于其他类型的亲近关系中，既允许核心主题向外扩展，也能使紧张情绪得到逐步缓解，直到在某些真实的情境中变得易于管理。游戏在这里尤为重要，因为它既是现实，也是梦幻。游戏可以让孩子体验各种各样强烈的感受，否则，它们只能被封存在早已忘却的梦里。尽管如此，游戏最终还是会停下来。玩游戏的孩子会收拾好玩具，一起坐下来吃茶，或者准备洗澡，听睡前故事。另外，在玩游戏时，总有一个成年人在附近间接参与其中并随时准备控制局面。

研究"过家家"和"扮演医护人员"这两个游戏以及"模仿妈妈做家务和爸爸上班"这样的游戏，对新的研究人员来说很有启发。对儿童梦的研究需要特殊的技能，但与简单地观察儿童游戏相比，更能让研究人员深入无意识的领域。

2. 两人关系

在早期阶段，三角关系还没有形成，有的只是婴幼儿与妈妈之间更直接的两人关系。妈妈以极其微妙的方式向婴儿介绍着这个世界的某些方面。换言之，妈妈会避开偶然事件的影响，在恰当的时机以恰当的方式向婴儿提供所需要的东西。不难看出，在两人关系中，孩子管理尴尬时刻的空间比在三角关系中要小得多。也就是说，在两人关系中，孩子的依赖性更大。尽管如此，他们是两个完整的人了，密切相关，相互依存。如果妈妈本人很健康，不焦虑、不抑郁、不糊涂、不孤僻，那么，随着母婴关系的日渐充实，幼儿的个性成长空间将越来越大。

3. 妈妈与未整合状态的婴儿之间的关系

当然，此前婴儿的依赖程度更大。婴儿需要妈妈每天都能存活下来，能够整合他生命中非常重要却无法掌控的多种情感，如感动、兴奋、愤怒、悲伤等。此时的婴儿还不是一个完整的人，妈妈怀里的他正在发育。如果必要的话，妈妈可以在脑海里重温一下这一天对婴儿的意义，因为她很理解婴儿此时的处境。她在婴儿还无法感到"完整"的时候，就已经把他当作一个人来看了。

4. 以身体管理方式表达的母爱

更早的时候，妈妈把婴儿"揽在怀里"，我这里指的是真正的身体接触。对婴儿而言，早期的所有身体护理都具有心理意义。妈妈会主动适应婴儿的需要，而且，一开始这种适应就非常彻底。众所周知，妈妈本能地知道，婴儿哪些需求非常迫切。妈妈用唯一一种不会招致混乱的方式将世界呈现给婴儿，及时满足他的要求。同样，妈妈还通过身体管理和给予身体满足等方式表达爱意，让婴儿的心灵安住在他的身体里。另外，妈妈还通过育儿护理技术表达对婴儿的情感，树立自己的形象，便于成长中的婴儿识别。

认识到婴儿的这些需求是讨论在家庭模式中观察到的各种变化对孩子影响的基础。就其变化的特点而言，每一种需求都是不同的，又都是绝对不可或缺的。无法满足这些需求会扭曲儿童个性的发展。这里有一个公认的真理，那就是，需求的东西越原始，个体对环境的依赖程度也就越高，而无法满足这些需求必然会带来灾难性的后果。婴儿的早期管理远远超出了有意识的思考和深思熟虑的计划，只有通过爱才能实现。我们有时说婴儿需要爱，我们的意思是，只有爱婴儿的人才能根据他的需要做出必要的调整，也只有爱婴儿的人才能积极吸取失败的经验教训，从而促进婴儿能力的成长。

五岁以下孩子的基本需求因人而异，其基本原则是不会改变的。这一真理适用于人类的过去、现在和未来。在世界的任何地方，在任何文化中，都是如此。

父母及其养育意识

今天的年轻父母似乎有一种完全不同的养育意识，这是统计学调查中没有出现的众多重要事情之一。现代的父母会等待，会计划，会读书。他们知道，自己最多只能对两三个孩子给予适当的关注，所以他们会以最好的方式开始自己有限的养育工作，即自己带孩子。当一切进展顺利时，结果就会出现一种直接的亲子关系，其本身的强烈程度和丰富程度令人咂舌。可想而知，在少了护理人员的情况下，他们确实遇到了一些特殊的困难。至此，父母和孩子之间的三角关系变成了现实。

可以看到，那些一心想让孩子在心理健康的道路上顺利起步的父母本身就是个人主义者，而个人主义不可或缺的部分就是父母个人的不断成长。这样一来，现代父母里的赝品就会越来越少。

这些有责任心的父母为婴幼儿提供了丰富多彩的环境。此外，如果真有现成的帮助，他们也会善加利用。前提是，这种帮助一定不能破坏父母自己的责任感。

新生儿的出生对较大的孩子来说可能是宝贵的经历，也可能是天大的麻烦。如果父母事先愿意花些时间考虑这个问题，就能避免不必要的错误。然而，千万别以为事先考虑过就能阻止爱、恨和效忠义务的矛盾。生活是艰难的，三到五岁健康儿童的生活就更难了。幸运的是，生活也是有回报的。只要家庭能让孩子感到稳定，只要孩子能从父母的相互关系中感到幸福和满足，那么，孩子的这段早年生活就会充满希望。

那些立志称职的父母确实承担了一项重大的任务，而且，还可能没有任何回报。很多偶然情况都可能将父母的成功夺走。好在与二十年前相比，患身体疾病的风险要小得多。如今的父母愿意研究孩子的需求，这对孩子的发展很有帮助。可是，必须记住，如果父母之间出了问题，他们是不会因为孩子需要一个稳定的关系就能彼此相爱的。

社会及其责任感

当今社会对婴幼儿护理的态度发生了巨大的变化。如今，人们普遍明白，婴儿期和童年期是心理健康的基础，也是最终成熟的基础。届时，作为一个成年人，既能认同社会，又能不丧失自我价值感。

20世纪上半叶，儿科取得的巨大进步主要集中在身体方面。当时流行的说法是，如果孩子的身体疾病可以预防或治愈的话，那么，心理问题便不再是问题了。儿科依然需要跨越这个基本的原则，必须找到一种既重视孩子的心理状态，又不放松对身体健康关注的办法。约翰·鲍比博士的研究主要集中在一个领域，即母子分离给幼儿造成的不利影响。他的研究在过去几年里产生了巨大影响。因此，妈妈现在可以去看望住院的孩子，从而尽可能地避免母子分离。此外，对被剥夺了某些权利的孩子的管理政策也发生了变化，包括废止寄宿幼儿园、大力发展领养家庭等。然而，即便是在这些问题上合作的儿科医生和护士也并不见得能完全理解儿童需要与父母保持连续关系背后的真正原因。但如果认识到减少不必要的母子分离可以预防许多心理疾病，那将是一个巨大的进步。目前，我们仍然需要做的是，进一步理解儿童的健康心理是如何在正常的家庭环境中建立起来的。

医护人员非常了解怀孕及分娩的生理知识，也很熟悉婴儿出生头几个月的身体状况。然而，他们并不明白在早期喂养时妈妈和宝宝之间的纽带关系，因为这件事情非常微妙，不受规则和条例的约束，只有妈妈自己知道该如何去做。可是，往往就在妈妈刚刚找到正确的育儿方法时，却来了一些假专家横加干涉，结果造成了极大的不幸。

我们需要明白的是，在该领域里受过专业训练的工作者

（如产科护士、健康随访员、幼儿园老师等，他们每一位都是自己专业里的行家）可能并不比父母的人格更为成熟，而父母对具体问题的判断有时比他们更加合理。理解了这一点，就不会有什么困难。当然，受过专门训练的人是非常必要的，毕竟他们掌握了特殊的知识和技能。

一直以来，父母需要的只是了解现象背后的原因，而不是什么建议或具体做法。必须给父母留出尝试和犯错的空间，这样他们才能从中学到很多东西。

如今，个案社会工作扩展到了心理学领域。尽管通过接受普遍的管理原则可以立即证明其在预防方面的价值，但它还是对正常或健康的家庭生活构成了巨大威胁。明智的做法是，应当记住，国家的整体健康水平取决于健康的家庭单元，而在这些家庭中，父母都应当是情感上成熟的个体。因此，这些健康的家庭都是神圣的领地，除非真正明白其积极的价值观念，否则，不能擅自闯入。然而，健康的家庭单元也需要更大群体的帮助。所以，父母一直都在忙于自己的人际关系，他们依赖社会来获得幸福，从而达到融入社会的目的。

兄弟姐妹的相对缺失

现在，家庭模式的一个显著变化是，不仅兄弟姐妹相对少了，就连堂兄表妹也是如此。不要以为给孩子找了玩伴就等于有了堂亲表戚。孩子与母亲的两人关系以及与父母的三人关系会慢慢被更开阔的社会关系所取代，而在此过程中，血缘关系发挥着极其重要的作用。可以想象，现代儿童通常得不到大家庭时代所能提供的帮助。对孩子来说，没有一个可以亲近的堂表亲是一件非常普遍的事情。对独生子女来说，这个问题就更加严重了。如果上述原则得到认可，可以说，我们能够给予现代小家庭的最大帮助就是增加其建立关系的机会以及扩大其建立关系的范围。如果规模不大，如果人员配备适当，幼儿园、幼儿班、日间托儿所在这方面都能起到很大的作用。除了保证充足的人员之外，还要对员工进行婴幼儿心理学方面的培训。如此一来，父母可以利用幼儿园让自己休息一下，给孩子增加与其他孩子和成年人交往及游戏的机会。

如果一天到晚和孩子待在一起，许多正常或基本正常的父母都会变得十分烦躁。但如果他们有一些自己的时间，就能在剩余的时间里和孩子和睦相处。在此，我想特别提醒大家注意这一点，因为我在临床工作中常常遇到需要帮助的妈妈。有时，她们为了保持身体的健康和内心的平静不得不出去兼职，这个问题尚有很大的讨论空间。不过，就健康家庭（我希望大家不要以为这是个别现象）而言，父母在孩子入托方面完全可以参与决策。

英国的幼儿园教育已经达到了很高的水平。我们的幼儿园之所以在世界上处于领先地位，部分原因是受玛格丽特·麦克米伦和我已故的好友苏珊·艾萨克斯的影响。此外，对幼儿园教师的教育也影响了对后来各年龄组教学的整体态度。如果看不到幼儿园的长足发展，那将是非常不幸的，因为它们的确为健康家庭提供了适当的帮助。相比之下，日间托儿所本来就不是为婴幼儿设计的，有关部门也不一定对其工作人员和设施配备有足够的重视。与幼儿园相比，日间托儿所更有可能受医疗部门的支配。作为一名医生，我很遗憾地说，医疗部门似乎总以为身体发育和身体健康才是最重要的。然而，只要人员充足，设施齐全，日间托儿所也能像幼儿园一样发挥其应有的作用。最重要的是，它能让疲惫和焦虑的妈妈有机会成为好妈妈，毕竟她们可以借机喘息一下。

日间托儿所可以继续寻求官方的支持，因为它们对处于困境中的社会有着更明显的价值。只要人员充足，设施齐全，就不会对健康家庭的正常孩子造成伤害。现代幼儿园办得很好，健康的家庭可以利用它来合理扩大孤独儿童的活动范围。由于好的幼儿园满足了健康家庭的需要，从而对社区有着无形的、非统计学上的特殊价值。只要我们重视当下，社会就会有未来；只要我们重视健康家庭的建设，社会就会有未来。

第二十八章　影响与被影响的关系

毫无疑问，在科学探究人类的道路上有一块巨大的绊脚石，那就是，人们很难认识到无意识情感的存在及其重要性。当然，人们的表现告诉我们，他们对无意识是有所了解的，例如，他们知道想法的产生和消失、记忆的恢复以及唤起善意或恶意灵感是怎么回事。但是，这种对事实的直觉认识与对无意识及其作用的理性评价之间还是有很大差异的。对无意识情感的探索需要巨大的勇气，而这种探索始终绕不开一个人，即弗洛伊德。

之所以需要勇气，是因为一旦接受了无意识这个事实，我们迟早都要走上一条痛苦的道路。也就是说，我们会痛苦地认识到，无论我们多想把邪恶、兽性和不利影响看作身外之物或外部入侵，最终我们都会发现，不管人们做了些什么或者受到了什么影响，一切的一切都是源于人性本身。事实上，也就是源于我们自己。当然，不排除有害环境的存在。不过，假如有一个好的开始，那么我们在面对这样的环境时所遇到的困难主要还是源自我们内心存在的本质冲突。人们对此早就有过直觉认识。可以说，从第一个自杀的人开始，我们就已经知道了。

当然，人们也很难接受人性中有益的影响及上天的恩赐。

因此，我们思考人性的能力很容易受制于对真相意义的恐惧。

在承认人性中有无意识和有意识两方面的前提下，我们就能从人类关系的研究中受益良多。这个宏大的主题概括起来就是"影响"与"被影响"的关系。

对人类关系中影响力的研究对老师来说一直都是非常重要的，对研究社会生活和现代政治的学生来说也有特殊的意义。这项研究就把我们带入了对无意识情感的思考。

有这样一种人际关系，对它的理解有助于阐明与影响有关的一些问题。这种关系起源于个体生命的早期。那时，一个人与另一个人的主要接触发生在喂奶期间。与普通的生理喂养同步的是孩子对环境中的人、事和物的吸纳、消化、保留和拒绝。虽然孩子长大以后也能建立其他类型的人际关系，但是，这种早期的关系或多或少地会贯穿一生。我们的语言中有许多词汇或短语既可以用来描述与食物的关系，又可以用来描述与非食物之间的关系。考虑到这一点，再看看我们正在研究的问题，或许能够更深入一点儿，更清晰一点儿。

显然，生活中有不满足的婴儿，也有迫切希望婴儿接受自己的奶水而遭到拒绝的妈妈。同样，在人际关系中，有的人像一些婴儿一样永远不知道满足，也有的人在与别人接触时频频感到沮丧。

例如，有的人感到空虚，害怕空虚，更害怕空虚令他胃口大开。空虚或是有理由的，如好友去世、丢了什么珍贵的东西等，或是因为一些更主观的原因，结果当事人抑郁了。这样的人需要找到一个新的客体来填补空虚，这个客体可以是一个新人来取代离世的旧人，也可以是一套新的想法和哲学来替代失去的理想。可见，这样的人特别容易受到影响。除非他能容忍这种沮丧、悲伤或绝望，并等待自行恢复，否则，一定会去寻求新的影响，或者屈从于任何碰巧出现的强大影响。

还有一种人，乐善好施，喜欢满足他人，且急于证明自己的所作所为是好事。不过，他在潜意识里对此还是有一丝怀疑的。这样的人一定会教育和组织宣传，通过影响他人来达到自己的目的。作为妈妈，这种人要么过度喂养，要么诲人不倦。这种急切喂养的渴望与前面描述的饥饿的焦虑是有联系的，这种人一直害怕别人有饥饿感。

毫无疑问，正常的教学就是沿着这些路线展开的。从某种程度上来说，我们所有人都是靠工作来维持心理健康的。在这方面，老师、医生和护士概莫能外。驱力的正常与否在很大程度上代表着焦虑的水平。然而，总的来说，我认为学生更愿意老师没有这么迫切的教学需要，他们更希望老师的这种教学需要能与他们自己的个人困难保持一定的距离。

不难想象，当极端情况——沮丧的给予者遇到沮丧的接受者——碰到一起时会发生什么。一方面，一个空虚的人焦急地寻求一种新的影响；另一方面，一个渴望的人想方设法深入人心发挥影响。在极端情况下，可以说，其中一个人会把另一个人整个吞下去，结果可能是一场相当滑稽的闹剧。这种现象足以说明为什么有的人愿意假装成熟，为什么有的人总是在装腔作势。一个刻意模仿英雄的孩子可能表现得很好，但是，这种表现往往很不稳定。另一个孩子则可能反其道而行之，去扮演一个令人畏惧的恶棍。你会觉得，这种坏其实并不是天生的，似乎是强迫性的，孩子只是扮演了一个角色而已。我们也常常发现，一个生病的孩子其实是在模仿那位他深爱着的却刚刚故去的人的疾病。

可以看出，影响与被影响之间的亲密关系似乎是一种爱的关系，而且，很容易被误认为是真事，尤其是当事人自己。

师生关系大都处在这两个极端之间。其中，老师喜欢教书，并从成功中获得安慰。但是，他绝非依赖成功才能获得心理健康。同样，学生也可以对老师的课堂内容进行选择，不必迫于焦虑去模仿老师、牢记所有教学内容或盲目相信每一位老师。老师必须能够容忍学生的质疑，就像妈妈能够容忍孩子的偏食一样，而学生也必须能够容忍不能即刻得到可靠答案的事实。

由此可见，一些非常热心的老师，由于自身过于敏感，在与学生打交道时可能会缩手缩脚，因为他们无法容忍学生对其教学内容进行筛查、检验，甚至否定。实际上，这种情况非常令人头疼，但又无法回避，除非是用不健康的方式将学生的一切推翻。

同样的考量也适用于父母养育孩子这件事情上。的确，如果把影响与被影响的关系作为爱的替代品，那么，它在孩子的生命里出现得越早，后果也就越严重。

如果一个女人想当妈妈却又不想在孩子内急时立刻满足他的需求，如果她从来不想去处理为了自身需求而无视孩子要求所引发的问题，那么，我们难免会认为她的爱太肤浅了。她可能会对孩子的愿望置之不理。然而，一旦成功，其结果就会十分乏味。这样的成功很快就会变成失败，因为孩子无意识的抗议会出乎意料地以顽固性失禁的形式表现出来，这不是和教学很相似吗？

良好的教学要求老师能够容忍自主教学中所遇到的难以忍受的挫折。孩子在启蒙过程中自然也会感到强烈的挫败感。真正对孩子起到帮助作用的不是老师的训诫，而是其承受教学中固有挫折的能力。

老师的挫败感不会因为认识到以下几点而自行结束，即教学不可能完美，错误在所难免，老师的表现有时也可能很不地道或很不公平，老师也可能做坏事等。最让老师受不了的是，自己最好的课堂表现有时也会遭到学生的反对。孩子会把自己个性和经历中的困惑带到学校里来，这是其自身情感发展扭曲的重要组成部分。此外，孩子总是容易歪曲在学校里发现的东西，因为他们所期待的学校要么是家庭的翻版，要么是家庭的反面。

老师不得不忍受这些挫折带来的失望。反过来，孩子也不得不忍受老师的坏脾气、坏性格和压抑的情绪。毕竟，老师也有一大早起来心情不好的时候。

仔细研究，不难发现，老师和学生想要健康相处，都要牺牲自己的自主性和独立性。这不仅在具体学科的教学中十分重要，在整个教育中也是如此。无论如何，即便课程教得很好，如果师生无法互相迁就，或者说，如果老师非要压学生一头不可，那么这样的教育将是极其乏味无趣的。

从以上论述中，我们能得出怎样的结论呢？

思考以后，我们得出了这样的结论，那就是，在评估教育方法时，没有什么比简单的学术成功或失败更能误导人了。这样的成功仅仅意味着学生找到了应付某个老师、某个科目，甚至整个教育体系的最简单的办法。那就是，巴结老师，张大嘴巴闭上眼睛接受被动的灌输，将一切不假思索地囫囵吞下。这根本就是错误的，因为这是对怀疑精神的彻底否定。就个人发展而言，这样的状况实在难以令人满意，但这却是教育界独裁者的精神寄托。

在考虑影响及其在教育中的适当地位之后，我们发现，教育的堕落在于滥用孩子身上最神圣的品质，即对自我的怀疑。独裁者深谙此道，并通过提供一种不容置疑的生活来行使手中的权力。这是多么无聊啊！

第二十九章 评估孩子的学习能力

作为一名医生，我能跟老师说些什么呢？显然，我不可能教老师如何授课，而且也没有人希望老师用治病的态度去对待学生。学生不是病人，至少他们在学习期间不是老师的病人。

当医生在考察教育领域时，他很快就在思考一个问题：医生的全部工作都是基于诊断。那么，在教学中，有哪些东西是与临床工作相对应的呢？

诊断对医生来说非常重要，医学院校一度很不重视治疗，甚至把它丢到了一个被人遗忘的角落里。三四十年前，在医学教育的鼎盛时期，人们开始热情地谈论医学教育的新阶段。在这个阶段里，治疗成了主要的教学内容。如今，好的治疗方法遍地开花，如青霉素、安全手术、白喉免疫治疗等。然而，公众很容易受到误导，以为医疗实践因此得到了改进，却不知这种改进正威胁着医学的基础，即准确的诊断。假如一个人生病发烧了，医生给他开了抗生素，他用药后烧退了，就以为自己得到了很好的治疗。但是，从社会学的角度来看，这种情况其实是个悲剧，因为医生不再需要根据病人对盲目用药的反应做出诊断了。以科学为基础的诊断是医学传承中最珍贵的部分，也是将医生与信仰治疗师、整骨医生以及神医半仙区分开来的标准。

问题是，当我们审视与诊断相对应的教师职业时，我们发现了什么？我的发现很可能是错误的。但是，我不得不说，很难在教学中看到和医生用心诊断相对应的东西。我在与教育行业打交道时发现，大批孩子在没有得到"诊断"的前提下就匆匆开始接受教育，这常常令我感到担忧。当然，例外是有的。不过，大体情况就是如此。无论如何，如果教育界能认真考虑医生提出的与诊断相当的东西，一定会有很大的收获。

首先，我们在这方面都做了哪些事情呢？每个学校都有自己的诊断方法。如果某个孩子让人反感，那么，学校很可能会将其除名，或强行开除，或间接开除。这样做可能对学校有利。但是，对那个孩子来说，却没有任何好处。不过，老师大都赞成学校的做法。他们认为，即便学校眼下无法招收另一名学生，这样的孩子一开始也应遭到淘汰。然而，对学校来说，一味拒绝吃不准的学生，会不会把特别有趣的孩子挡在门外？所以，如果有一个科学选择学生的方法，肯定会被采纳。

目前，可以用科学的方法来测量智商。各种各样的测试很多，而且，应用范围也越来越广，只是有时它们的作用被无限放大了。两个极端的智商都很有参考价值。通过这些精心准备的测试，了解一个成绩不好的孩子也能达到平均水平，是很有帮助的，从而表明，若非教学方法有问题，阻碍他能力的发挥是情绪问题。同样有帮助的是，知道一个孩子的智商远低于平均水平，几乎可以断定他的大脑有问题。所以，让他接受为正常孩子设计的教育一点儿好处都没有。不过，就心智有缺陷的个案来说，通常在对其进行测试之前，就已经很明显了。人们普遍认识到，为发育迟缓的孩子提供特殊教育，为特别滞后的孩子提供职业培训，是任何教育方案中都必不可少的内容。

到目前为止，一切还好。只要有科学方法，就可以进行诊断。然而，大部分老师都觉得，班里有聪明的孩子也有迟钝的孩子实属正常，而且，只要班级不是太大，就可以照顾到每个学生的需要。让老师感到困惑的，与其说是孩子不同的智力水平，倒不如说是他们不同的情感需求。就教学而言，有些孩子只要把知识塞给他们就可以了，而另一些孩子则只能按自己的节奏和方式悄悄地进行。就纪律而言，不同的群体更是千差万别，没有哪一条硬性规定能真正起到作用。善良在一所学校也许管用，在另一所学校则可能无效。与严厉的氛围一样，自由、仁慈和宽容都可能造成不良后果。接下来的问题就是，不同的儿童有不同的情感需求，包括对老师人格的依赖程度以及对老师的成熟而原始的情感。所有这些都因人而异，尽管普通的好老师能将它们区分开来。不过，老师常常不得不为了大多数孩子的利益而忽略少数孩子的需求，否则，大部分孩子会坐立不安。这些重要问题日复一日萦绕在老师的脑海里。作为医生，我的建议是，不妨沿用诊断的思路。也许，问题在于分类工作还没有到位。那么，下面的建议可能会有所帮助。

在任何一组孩子当中，既有家庭和睦的孩子，也有家庭不幸的孩子。前者自然把家庭作为情感发展的场所。对他们而言，最重要的实践和验证都在家里完成了，而这些孩子的父母能够也愿意负起责任。这些孩子上学是为了丰富自己的生活，他们的目的就是学习。即使学习枯燥无味，他们也愿意每天投入大量时间，以便通过考试，最终像父母一样找到一份好的工作。他们期待参与有规模的游戏，因为这在家里实现不了。然而，从一般意义上来讲，玩游戏属于家庭生活的内容，处于家庭生活的外围。相比而言，其他孩子上学的目的则完全不同。他们希望能在学校里找到家里没有的东西。他们上学不是为了学习，而是要找一个"家外之家"。这就意味着，他们在寻找一个稳定的情感环境，在这里可以尽情发泄自己的情绪。这也意味着他们在寻找一个可以逐渐成为其中一员的群体，一个可以测试其抵抗侵略、容忍侵略想法能力的群体。当这两种孩子发现他们成了同班同学，该有多奇怪啊！的确，应当有计划地成立不同类型的学校，以适应具有极端特征的学生群体。

老师也发现，不同的个性适合不同的管教方式。前一种孩子希望老师好好教课。就他们而言，重点是在学习上。由于他们都是生活在和睦的家庭里（或者，就寄宿学生而言，有一个可以依靠的和睦家庭），因此，老师可以在他们这里尽量发挥其教书的能力。另一方面，对来自不幸家庭的后一种孩子来说，他们需要的是有组织的学校生活，包括合适的人员安排、有规律的进餐、穿着的监管、情绪的管理以及对其极端的顺从或逆反行为的调控。此处的重点在于"管理"二字。因此，为他们挑选老师时，应当观察其性格是否稳定，私生活是否满意，而不是看重其把算术讲清楚的能力。此外，班级规模不能太大。如果一名老师需要照顾太多的学生，他如何能熟悉每个孩子的个性？如何能为每天的变化做好准备？如何区分无意识导致的躁狂发作和对权威的有意识的试探？在极端情况下，必须采取措施，为这些孩子提供宿舍来替代家庭生活，而这样也为学校提供了一个实施真正教学的机会。小小的宿舍能换来大大的回馈。由于人数不多，每个孩子可以在相当长的时间内由一小批固定的员工有针对性地进行管理。很多孩子把家里的问题带到了学校。对这些问题的处理本身就是一个棘手而耗时的事情。这也进一步说明，在管理这类孩子时，要尽量避免人数太多。

在对私立学校的选择中，人们自然会按照这个思路进行分类。由于学校种类繁多，校长风格不一，通过中介介绍和自己打听消息，渐渐地，父母也多少能做出选择了，最后，孩子也发现自己上对了学校。然而在有些地方，只有国家设立的日校，那么情况就不一样了。国家在这方面则针对性不强，孩子必须在居住地附近的学校接受教育。很难想象，每个社区都有足够的学校来满足这些极端学生的需要。国家当然有能力将心智不全的孩子和头脑聪明的孩子区分开来，也能将有反社会行为的孩子登记在案。但是，在像按家庭环境好坏分选孩子这种微妙的事情上则显得力不从心。非要这么做的话，一定会造成严重误差。这些误差势必会干扰某些特别好的父母，而这些父母通常都是不落窠臼，不拘一格。

尽管困难重重，这类事实似乎应该引起注意。有时，极端情况可以更加有效地说明这一点。不难理解，有反社会倾向的孩子及因各种原因导致养育失败的家庭需要特殊管理。这也让我们明白，所谓"正常"的孩子可以分为两类：一类来自合作的家庭，教育对他们来说就是如虎添翼；而另一类则期待在学校中找到自己家庭中缺少的重要品质。

还有一点让这个问题变得更加复杂。那就是，有些可以归类为家庭不睦的孩子其实有一个很好的家庭，只是因为其自身的原因无法善加利用而已。在多子女的家庭中，常有一个孩子在家里是无法无天的。但是，为了说明问题，我们不妨把家里能应付得来的孩子和家里应付不了的孩子区分开来。这样，既简单，又合理。为了进一步说明问题，有必要把下面两种情况区分开来。一种是家庭起初给了孩子一个良好的开端，但后来失败了；另一种是家庭从婴儿期开始压根儿就没有把这个世界始终如一地介绍给孩子。就后一种家庭的孩子来说，他们的父母本可以为其提供必要的成长条件，但是，一些突发事件从天而降，打断了这个进程，如手术、长期住院、妈妈因病不得不突然离开孩子等。

我尝试用寥寥数语来说明教学和良好的医疗实践一样，都可以建立在诊断的基础之上。我这里只选择了一种分类方法来说明我的意图，但这并不意味着没有别的，甚至更重要的方法来对孩子进行分类。老师们讨论最多的莫过于按照年龄和性别来区分。事实上，根据精神病的类型做进一步划分也是很有用的。把孤僻内向、心事重重的孩子和性格外向、暴露无遗的孩子放在一起，该有多奇怪啊！用同样的方法教育患抑郁症的孩子和无忧无虑的孩子，该有多别扭啊！用同一套办法既要驾驭真正的兴奋，又要管理瞬息万变的反抑郁波动或兴高采烈的情绪，该有多可怕啊！

当然，老师的确都根据直觉调整自己的状态和教学方法，以适应形形色色的情况和各种各样的变化。从某种意义上讲，这种分类诊断法早已不是什么新鲜事了。然而，在此，我仍要建议，教学应该像良好的医疗实践一样正式建立在诊断的基础之上。就整个教育行业而言，仅凭一些才华出众的老师的直觉理解还远远不够。然而，就国家计划的推行而言，这一点尤为重要，因为国家计划往往会妨碍个人才华的施展，其重点只是对广为接受的理论和实践的简单累加。

第三十章　孩子的羞怯与紧张性失调

　　医生的职责，至少在接诊时，是要专心照顾好一个病人，满足他的个人需求。因此，医生也许不是与老师交谈的合适人选，因为老师实际上从来没有机会一次只关注一个学生。通常，他们很想做一些对某个孩子来说似乎是很好的事情，但又怕在整个学生中引起骚动。

　　然而，这不是说，老师对班里每个孩子的研究不感兴趣，而是说，医生所说的话也许能让他把害羞或胆怯的孩子看得更加清楚。加深对孩子的理解可以缓解老师的焦虑，改善对孩子的管理，哪怕他没有得到直接的建议或指导。

　　有一件事情医生可能做得比老师要好。医生会尽可能地从父母那里了解孩子早年的生活和当前的状态，然后将孩子的症状与他的人格以及内部和外部经验联系起来。老师一般没有足够的时间和充分的机会来做这件事情。我想，诊断的手法也没有得到利用。通常，老师只是对孩子的父母有一个大概的了解，尤其是那些难以对付、过分挑剔和粗心大意的父母，以此对孩子在家庭中的处境有一个大概的认识，但这还远远不够。

即便孩子的内在发展没有得到足够的重视，很多东西还是可以和外部事件联系起来的，比如，最喜欢的兄弟、姐妹、阿姨、祖父母或父母中的一方故去了。我见过这样一个孩子，一开始一切正常，直到有一天，哥哥因车祸丧生了，打那以后，他就变得郁郁寡欢、四肢疼痛、失眠、厌学、交往困难。我发现，没有人费心去收集这些事实，并将它们串在一起。父母虽然清楚所有事实，但他们不得不忙着自我疗伤，根本意识不到孩子的状态与家人离去之间的必然联系。

缺乏对病史的了解，其结果是，老师和校医都在管理上出现了一系列失误，这只会使渴望被理解的孩子越发困惑。

当然，大部分孩子紧张和害羞的原因并没有这么简单，通常没有明显的外部诱因。但是，老师的方法应该是，只要存在这样的因素，就一定不能错过。

我脑子里一直有这样一个简单的案例。有一个聪明伶俐的十二岁女孩，上学时突然变得十分紧张，晚上开始遗尿，似乎没有人发现，她正在心爱的弟弟去世的悲痛中挣扎。弟弟因感染发烧离开了一两个星期，但他并没能很快回家，因为他得了髋关节结核，浑身疼痛。弟弟被安置在一家很好的结核病医院里，女孩和家人都很欣慰。可是，随着时间的推移，结核扩散了，弟弟在遭受了更多的痛苦之后还是去世了。此时，女孩再次为他感到欣慰，因为家人们都说，这是一种快乐的解脱。

事情就这样接二连三地发生着，女孩从没来得及体验强烈的悲伤。可是，悲伤就在那里，等待女孩子去体验。有一次，我问她："你很喜欢他，对吧？"这一问顿时让她情绪失控，泪水泛滥。打那以后，她在学校里的表现开始恢复正常，夜间遗尿也消失了。

这种直接治疗的机会并不是每天都有。但是，这个案例说明，当老师和医生不知道如何准确记录病史时，他们在问题面前就会变得束手无策。

有时，只有经过大量的调查，诊断才会变得清晰。有一个十岁的女孩，她所在的学校对每个学生都格外费心。她的老师跟我说："这个孩子和许多别的孩子一样，又紧张，又害羞。我小时候也很害羞，所以，我明白紧张的感觉。我有办法调理班里害羞的孩子。一般来说，几周以后，他们就不再那么害羞了。可是，这个孩子真叫我伤脑筋。不管我怎么做，她似乎一点儿反应没有，既没有变得更好，也没有变得更糟。"

这个孩子碰巧接受了精神分析治疗，直到其内心的疑虑被揭示出来并得到分析之后，她的害羞才有所好转。那是一种严重的精神疾病，只有通过精神分析才有可能治愈。老师说得没错，这个害羞的孩子和那些表面上跟她类似的孩子有所不同。对她来说，所有的善意都是陷阱，所有的礼物都是毒苹果。在她患病期间，她既认识不到也体会不到什么是安全感。由于恐惧的原因，她尽量表现得和其他孩子一样。这样，她就不会暴露出自己是一个需要帮助的人，因为她对帮助根本不抱任何希望。在她接受了一年左右的治疗之后，老师又能像对待其他孩子那样对待她了。最终，她成了一个让学校引以为荣的女孩。

许多极度紧张的孩子在其心理构成中都有一种被迫害的预期，了解了这一点，有助于我们将这些孩子和其他孩子分开。这样的孩子往往会受到迫害，其实，他们常常是自讨苦吃。几乎可以说，那些"恶霸"是他们亲手培养出来的。他们几乎交不到朋友，不过，在面对共同的敌人时，他们可能会很快找到盟友。

这些孩子常常会因各种疼痛和食欲障碍前来就医，但有趣的是，他们经常抱怨说老师打了他们。

好在我们知道，这种抱怨并非事实。这个问题非常复杂。有时，它纯属一个错觉；有时，它属于谎报军情。但无论如何，这是一个痛苦的信号，说明孩子在潜意识中受到了更为糟糕的迫害。由于它是深藏不露的，所以，让孩子更加恐惧。当然，坏老师不是没有的，有的甚至会恶意殴打孩子。不过，这种情况并不多见。孩子的抱怨几乎总是受害型疾病的心理症状。

许多孩子会通过不断做小坏事的方式来解决"被害妄想症"的问题，从而"创造"出一个总爱惩罚孩子、迫害孩子的老师来。这让老师不得不变得严厉起来。一群孩子中只要有这样一个孩子，那么，老师就不得不对所有人都严厉起来，而这种做法其实只对一个孩子"好"。有时把这样的孩子交给可以信赖的同事去管理可能会有所帮助，这样就可以理智地对待其他健全的学生了。

紧张和害羞也有健康正常的一面，记住这一点十分明智。在我的诊所里，我可以凭借"正常羞怯缺失"这一特点识别出某些类型的心理障碍。在我给病人做检查时，有一个孩子在我面前转来转去。他并不认识我，却径直走了过来，爬上我的膝盖。一般来说，正常的孩子会感到害怕，就算对我有什么要求，也会以更加保险的方式提出来。他们甚至会公开声明，喜欢自己的爸爸。

这种正常的紧张情绪在学步期儿童身上表现得尤为明显。一个不懂得害怕伦敦街道，甚至不惧怕雷雨的孩子是不健康的。和其他孩子一样，这个孩子心里藏着很多可怕的事情。但是，他不敢放飞自己的想象，不敢冒险去外部世界找到它们。有些父母和老师常常利用逃避现实作为防御荒诞离奇事情的主要手段，所以，他们有时会误以为"不怕狗、不怕医生、不怕黑"的孩子是懂事的孩子，是勇敢的孩子。但事实上，小孩子应该感到害怕，并且通过目睹外界的坏人坏事来释放内心的邪恶。慢慢地，现实验证才能改变内心的恐惧。而且，谁也不能说自己已经完成了这个过程。坦率地说，不知道害怕的小孩要么是故意逞能，要么是真的病了。可是，如果他真的病了且充满恐惧，那么，他依然可以通过外部世界发现其内心的善良，并因此感到安心。

　　所以，羞怯和紧张是需要诊断的问题，也是要结合孩子的年龄来考虑的问题。正常的孩子可以接受教育，不健康的孩子则会浪费老师的时间和精力。根据这一原则，能够就每个个案的症状是否正常得出恰当的结论是十分重要的。我前面已经提过，合理利用历史记录对此或许有用，前提是，要充分结合对儿童情感发展机制的了解。

第三十一章　学校中的性教育

孩子不可一概而论，他们的需求会根据家庭影响、个人特质及健康状况而各不相同。然而，就性教育而言，最好是笼统一点，而不要试图去满足每一个人的具体需求。

在性教育这件事情上，孩子同时需要三个条件：

（1）他们需要身边有可以吐露心事的人。这些人起码要值得信赖，能成为普通朋友。

（2）他们需要像掌握其他学科一样掌握生物知识。就目前而言，生物学涉及的是生命、生长、繁殖以及生物与环境关系等方面的真相。

（3）他们需要持续稳定的情感环境，使之能够自行发现自身性冲动及其改变、丰富、充实和启动人际关系的方式。

与此相反的是性教育讲座。通常，"专家"来到学校，讲完之后立刻走人。对于这样急于向学生传授性知识的人，似乎应当劝阻。此外，教职员工自己不能做的事情，也不会容忍别人来做。有一种办法比直接传授性知识要好，那就是让孩子去自行探索。

在寄宿学校里，已婚员工及其不断壮大的家庭为学生带来了自然有益的影响，这比讲座更能激励人，更有教育意义。走读学校的孩子则可以直接接触亲戚和邻居不断壮大的家庭。

讲座的问题在于，它们只是把一些晦涩私密的内容带入孩子的生活。这些内容的选择是随机的，并非根据孩子的需要来的。

此外，性教育讲座还有一个缺点，就是它们很少能给出一个真实完整的画面。例如，讲座人会有一些偏见，如女权主义者认为，女性是被动的，男性是主动的。讲座人也会跳过性游戏，直奔性器官而去。有的讲座人甚至还会宣扬虚假的母爱理论，只谈温情，不谈艰难。

即便是最好的性教育讲座也会让这个主题变得枯燥无味。只有经过尝试和体验，从内部接近它，才能发现其无限丰富的潜质。不过，只有在成年人营造的氛围里，健康的青少年才能发觉自己渴望身体的结合和心灵的碰撞。尽管有这些重要的考虑，似乎也应该给研究性功能及相关知识的真正专家留出一些空间。邀请专家与学校的员工座谈，由老师组织专题讨论，会不会是一些很好的解决方案呢？教职员工可以按自己的方式与学生接触，传播扎实的基础知识。

自慰是性的副产品，对孩子来说意义非凡。任何与自慰有关的讲座都无法涵盖这个主题。这个话题太私密，只有和死党或知己私下讨论才有价值。跟一群孩子说自慰是否无害其实是没有用的，因为也许对其中的某个孩子来说，自慰恰恰是有害的，是戒不掉的，是非常令人讨厌的。事实上，它还可能是精神疾病的征兆。而对其他孩子来说，自慰可能是无害的，甚至压根儿就不算个什么事儿。如果此时跟他们说自慰有害，反而把事情搞复杂了。但是，孩子确实很重视与别人讨论这些事情的机会，而这个人应该是妈妈。孩子想知道的任何事情，可以随意和妈妈聊聊。如果妈妈做不到这一点，那么，必须有其他人代其履职，甚至还可以安排一次和精神科医生的访谈。但是，课堂上的性教育根本无法解决这些问题。另外，性教育还会赶走浪漫的情愫，剩下的只是一堆与性器官和性功能有关的陈词滥调。

想象也会引起身体的反应，应当和思想一样受到尊重和关注，这一点在艺术课上提出来也许更符合逻辑。

性教育与青少年的自然发展关系不大。一个成熟、和谐、灵活的环境作用很大，可以说是必需的。此外，家长和老师要能忍受青少年对成年人（尤其是那些在其成长关键时期愿意伸出援手的人）的敌对情绪。

当父母不能满足孩子的需求时，学校的员工或学校本身通常可以做很多事情来弥补这种不足。不过，具体方式并不是组织什么性教育课，而是靠树立榜样、建立诚信、现身说法和现场答疑等。

对幼儿来说，性的解答即是生物学解释，是对自然现象的客观完整地呈现。起初，幼儿大都喜欢养宠物、了解宠物，喜欢收集和研究花卉和昆虫的属性。在进入青春期之前的那个阶段，他们喜欢逐步了解动物的习性及其适应环境的能力，其中就包括物种的繁殖、交配、怀孕等解剖学及生理学知识。生物老师很受孩子重视，他们可不会忽略动物父母之间的动态关系，也不会忽略进化序列中家庭生活的演变方式。不过，老师实在没必要把这些内容特意应用到人类身上，因为这是显而易见的。孩子们很可能通过主观意识在动物身上看到人类的情感和幻想，而不会盲目地把所谓的动物性本能过程应用到人类的事务当中。和其他各科老师一样，生物老师需要能够引导学生走向客观科学的方法，毕竟这门课对某些孩子来说会感到非常痛苦。

对老师来说，生物教学可能是最愉快，甚至是最令人兴奋的工作之一了，主要是因为太多孩子都把它看成生命科学的入门课（当然，也有人通过历史、古典文学或宗教经历更好地理解生命的意义）。然而，将生物学应用到每个孩子的生活和情感中则完全是另一回事。老师通过对微妙问题的巧妙解答，将一般情况与特殊情况联系起来。毕竟，人类不是低等动物，而是具有丰富的幻想、精神、灵魂、内心世界潜能的高等动物。有的孩子通过身体接触灵魂，有的孩子通过灵魂接触身体。对儿童养育和儿童教育来说，"积极适应"是我们必须牢记的原则。

综上所述，孩子应该得到完整坦率的性知识，但这不过是孩子与熟悉和信任的人的关系的一部分。性教育并不能替代孩子的个人探究和领悟。真正的抑制是对教育的抵制。一般来说，在没有心理治疗的情况下，这些抑制最好是通过朋友的理解来解决。

第三十二章　如何探视住院儿童

在过去的十年里，医院的工作发生了翻天覆地的变化。在许多医院里，父母可以自由探视，而且，必要时还可以带着孩子一同入院。人们普遍认为，在大多数情况下，这样的做法对孩子有利，对父母有利，甚至对医务人员也大有帮助。尽管如此，我还是在本书中保留了这篇写于1951年的文章，一是因为上述变化还没有延伸到所有医院，二是因为现代方法本身有其固有的困难，对此应该有一个清醒的认识。

每个孩子都有一条生命线，从出生开始，而我们的职责就是确保这条线不会断裂。生命内部有一个持续不断的发展过程。只有当婴幼儿的护理比较稳定时，这个过程才能取得稳定进展。婴儿作为一个人一旦与其他人建立关系，这些关系就会变得非常紧张，不可能不受到危险的干扰。在这一点上，无须费力解释，因为妈妈本来就不愿意在孩子还没准备好时就让他们离开自己。当然，如果孩子不得不离家一段时间，妈妈肯定会急着去看望他们。

当前，社会上探视病人的热情很高。问题在于，他们根本无视真正的困难。这种热情迟早会出现反弹。明智的做法是让人们了解正反两方面的原因。从护理的角度来看，确实存在着很大的困难。

一个女孩为什么会选择护理工作？也许，护理起初只是一个谋生的手段。不过后来她用心了，爱上了这一行，并付出了巨大努力去学习复杂的护理方法。最终，她成为一名合格的护士。作为护士，她工作时间很长，且天天如此，因为好的护士永远不够用，且无法替代。她一般要对二三十个别人家的孩子负有绝对责任。这些孩子大都病得很重，需要专业护理。她要对孩子负全责，甚至包括那些在她没留意时初级护士对孩子所做的事情。她非常希望孩子们能快点儿好起来，这就意味着她会严格按照医嘱行事。除此之外，她必须准备好与医生和医学生打交道，毕竟他们也是普普通通的人。

在非探视时间，护士担负着护理孩子的工作，这会激发出她内心最好的一面。通常，她不愿意下班，因为她总是关心着病房里发生的事情。有些孩子非常依赖她，无法忍受她不辞而别，他们还想知道她什么时候回来。整个事情呼唤出人性中最良善的一面。

那么，探视期间又会如何呢？事情马上就不一样了，至少有可能变得不一样。从现在起，看护孩子的责任不会完全落在护士一人的肩上了。当然，一切都可能很顺利，护士也许还乐于分担责任。然而，如果她着实很忙，尤其是，如果碰上了棘手的孩子和棘手的妈妈，那么，一个人独挑大梁要比众人分担简单得多。

如果我告诉你探视期间都发生了什么，你会感到很惊讶。每当父母离开之后，孩子就恶心呕吐，那些呕吐物往往能将谜底揭开。也许，这没有什么大不了的，只是探视后的一个小插曲。但是，它说明父母可能给孩子吃过冰激凌或胡萝卜，或者给正在节食的孩子吃过糖。这样一来，就打乱了整个调查程序，干扰了未来的治疗。

事实上，在探视时间，护士不得不暂时放弃对局面的管控。我觉得，她有时真的不知道探视期间究竟发生了什么。这是没有办法的。此外，除了乱给零食之外，探视还增加了感染的危险。

某家医院病房里一位出色的护士曾经跟我说过，还有一件事情也挺麻烦。那就是，由于父母可以天天探视，所以，他们总认为孩子一直在哭，这当然不是真的。事实上，每次探视都会让孩子伤心。每次你进入病房，都会加深孩子对你的记忆，重燃回家的希望。所以，你离开后，孩子不哭才怪。不过，我们认为，这种痛苦远没有冷漠对孩子的伤害更大。如果你非得离开很久，久到孩子都把你给忘了，那么，孩子在伤心一两天后就会恢复，并开始适应护士和其他孩子，开启一种新的生活。在这种情况下，你已经被孩子遗忘了，再想让他记起你，就得费点劲儿了。

如果妈妈们愿意进病房，待上几分钟就离开，事情也不会那么糟糕。不过，妈妈们通常不会就此打住。不用猜也知道，她们会充分利用探视时间，一分钟也不浪费。有些妈妈几乎就是和孩子在"热恋"。她们带来各种各样的礼物，尤其是好吃的，然后，期待孩子深情的回应。之后，她们又会花很久时间告别，站在门口不停地挥手，直到把孩子搞得筋疲力尽。另外，她们极有可能一边往外走，一边跟护士说着"孩子穿得太少了、晚饭不够吃了"之类的事情。只有少数妈妈会利用离开这个恰当的时机对护士的付出表示感谢，这一点非常重要。对妈妈来说，承认有人能像自己一样照顾好孩子的确不易。

所以，你看，如果在父母刚走之后去问护士："要是你说了算，你会拿探视这件事怎么办？"她很可能会说："那就废了它。"不过，在其他场合，她依然会赞同探视是一件很自然的事情，是一件好事。医生和护士都明白，只要他们承受得住，只要父母肯配合，探视是值得一试的。

我一直在说，任何将孩子的生活变成碎片的事情都是有害的，妈妈们很清楚这一点，所以对每日探视制度笑脸相迎，因为这让她们在孩子不幸住院的日子里还能与其保持接触。

在我看来，当孩子感到不适时，事情反倒好办了。大家都知道该怎么办。当大人和孩子交流时，语言是无用的。当孩子感到不适时，语言更是多余。此时，恰恰是某些安排会让孩子感到好受一些。如果涉及住院，即便是流着眼泪，也是可以接受的。然而，如果孩子没有感到不适，硬被送进医院，那么，情况就完全不同了。我记得，有一个女孩，本来在大街上玩得好好的，突然，救护车呼啸而至，迅速将其带到一家发热医院。她自己没有什么不适的感觉。可是，前一天，在医院进行咽喉检查时，查出她是白喉带菌者。你能想象这对女孩来说是多么糟糕的一件事情，他们甚至不让她回去跟家人说声再见。当我们无法自圆其说时，我们的信誉就会大大下降。实际上，这个女孩从未真正从这次经历中恢复过来。如果当时允许探视的话，结局会美满得多。在我看来，抛开其他因素不说，如果在孩子的愤怒处于白热化时父母能来探视一下，结果就完全不一样了。

到目前为止，我一直在谈医院护理不好的一面。然而，情况完全可以是另一个样子。当你的孩子足够大时，一次住院的经历或是一次离家在外和阿姨同住的经历可能都是非常有价值的，因为这都是从外部观察家庭的好机会。我记得有一个十二岁男孩，他在疗养院住了一个月之后跟我说："你看，我觉得，我根本不是妈妈的心肝宝贝。虽然我要什么就给什么，可不知怎么的，她不是真的爱我。"他说得没错。虽然妈妈尽力了，可是，她自身也面临着很大的问题，影响了她与孩子的交流。对这个男孩来说，能拉开距离观察妈妈是非常健康的心理行为。等回到家时，他已经有了面对家庭的全新方法了。

由于自身的原因，有些父母并非理想的父母。这对医院探视有什么影响吗？如果父母在探视期间当着孩子的面拌嘴，那在当时自然是一件非常痛苦的事情，过后，孩子也会一直担心。这样的事情会严重干扰孩子恢复身体健康。还有的父母无法信守诺言。他们答应孩子要来探视，还会带来特别的玩具和书籍，可是，他们根本没有现身。此外，有些父母的问题在于，尽管他们给孩子做了一些非常重要的事情，如带了礼物、做了衣服等，但是，他们就是不能在合适的场合给孩子一个拥抱。这样的父母反倒把探视看成对孩子示爱的一条途径，毕竟医院的条件比较艰苦。他们早早来到病房，能待多久就待多久，而且，带的礼物是一次比一次多。他们走后，孩子发现自己简直无法呼吸了。有一个小女孩曾经在圣诞节前后央求我："快把这堆礼物从我床上拿走吧！"这种迂回示爱的方式压得女孩喘不过气来，无益于改善她的心情。

所以，在我看来，对那些专横、不靠谱、特别容易激动的父母的孩子来说，住院期间没人探视，反而是一种解脱。病房里有很多这样的孩子需要护理。所以，从护士的角度来看，孩子住院期间无人探视是一件好事。此外，她还要照顾另外两类孩子。一类是父母住得太远无法探视的孩子，还有一类（也是最难的一类）是根本没有父母的孩子。通常，探视对护士管理这两类孩子来说并没有什么帮助，因为这些孩子早已对人类失去了信心，转而对护士提出了更为特殊的要求。对这些家庭不幸的孩子而言，住院可能是他们第一次良好的人生体验。他们中的一些人根本不相信人类，也早已失去了悲伤的感觉。无论谁出现在他们身边，他们立刻就会跟他交朋友。当他们独自一人时，要么前后摇晃身体，要么用头撞击枕头或床沿。你当然没有理由因为病房里有这样的孩子就让自己的孩子也遭受剥夺之苦。但同时，你也应该理解，当其他孩子有父母前来探视时，这的确给护士管理那些不幸的孩子增加了不少的困难。

如果一切进展顺利，住院给孩子带来的最大影响很可能是出院后多了一种游戏。他们以前玩"过家家"，玩"上学"，现在，又学会了玩"医生和护士"（或"上医院"）的游戏。有时游戏中的受害者是婴儿，有时则是洋娃娃、小狗或小猫等。

我想说的主要一点是，医院引入探视制度是一项重大进步，也是一项早该进行的改革。我欢迎这种新的趋势，因为它可以减轻孩子的痛苦。而且，对学步期的儿童来说，当他必须在医院住上一段时间时，这种趋势可以让我们准确区分哪些做法是好的，哪些做法是非常不好的。我之所以强调探视的困难，一是因为这些困难的确存在，二是因为探视制度在我看来的确非常重要。

如今，当我们走进儿童病房时，我们看到的是一个小孩站在小床上，急切地想找人说话。迎接我们的可能是："我的妈咪来看我啦！"这种得意的炫耀可是一种全新的现象。还有一个三岁的小男孩，他一直在哭。几个护士想尽了办法哄他开心，可是，就连搂抱对他来说也不好使。他不要搂抱。最后，她们发现，他的小床旁边必须放一把椅子，椅子让他感到安慰。后来，他解释说："有了这把椅子，明天爸爸来看我时就可以坐了。"

所以，你看，在探视这件事情上，远不止预防危害这么简单。不过，对父母来说，试着去理解这些困难是有好处的。这样，医护人员就能坚持良好的做法，摒弃不好的做法，因为不好的做法有损他们倾心付出的这份工作的质量。

第三十三章　青少年犯罪面面观

　　青少年犯罪是一个庞大而复杂的话题。但是，我会试着简单谈谈反社会儿童以及犯罪与剥夺家庭生活之间的关系。

　　要知道，在对一所工读学校的几名学生的调查中，诊断结果可能从正常（或健康）到精神分裂，无所不包。然而，少年犯有一个共性。那是什么呢？

　　在一个普通的家庭里，通常是一男一女、夫妻二人共同承担养育孩子的责任。婴儿出生后，妈妈在爸爸的支持下会细心照顾每一个孩子，研究每个人的个性，处理每个人的问题，因为这些问题影响着社会的最小单位——家庭和家人。

　　那么，正常的孩子应该是什么样子？他是不是就是吃了长，长了笑？事实上，真不是这样。正常的孩子如果对爸爸和妈妈有信心，就会全面配合。然而，随着时间的推移，他会使出浑身解数着捣乱、搞破坏、吓唬人、招人烦、搞浪费、要心眼儿以及侵占东西等。所有能把人送上法庭（对青少年来说是收容所）的行为，在婴儿期和童年早期，在孩子和家庭的关系中，都能找到相应的表现。如果家庭能顶得住孩子的干扰，孩子就会安定下来，专心游戏。不过，在安定之前，孩子一定会先做各种试探，尤其是当孩子对父母的组合和家庭（我指的远远不是一栋房子这么简单）的稳定性有所怀疑时，更是如此。孩子要想自由自在，要想自娱自乐，要想随心所欲，要想不负责任，首先得知道"框架"在哪里。

为什么会这样？事实上，人类情感发展的早期阶段充满了潜在的冲突和破坏因素。比如，与外在现实的关系尚未牢固扎根，人格还没有很好地整合，原始的爱当中还带有摧毁性的目的，幼儿还没有学会去容忍和应付本能冲动等。只要周围的环境是稳定的，是个性化的，那么，孩子就能渐渐学会处理这些事情。一开始，他必须生活在一个充满爱和力量以及随之而来宽容的环境中。这样，他才不会太害怕自己的想法和想象，才能在情感发展方面取得进步。

如果在孩子还没有意识到框架是自己天性的一部分之前家庭就辜负了他，那又会怎样呢？一般认为，当孩子发现自己自由了以后，便会开心享受。然而，这种看法与真相相去甚远。事实上，当孩子发现自己的生活框架被打破了，便不再感到自由，而会变得焦虑。如果他还心存希望，就会到家庭以外的地方寻找一种新的框架。那些在自己家里得不到安全感的孩子会到别处去寻找。他依然抱有希望，所以，他会去找爷爷奶奶、叔叔阿姨、家人的朋友们或者是学校。他在努力寻求一种外在的稳定，否则，他可能会发疯。倘若能在恰当的时间提供这种稳定性，它很可能会慢慢深入孩子内心，就像体内的骨骼发育一样。渐渐地，在生命的最初几个月到几年里，孩子就会从依赖和需要照管过渡到完全独立。通常，孩子能从亲戚和学校那里得到自己家里缺失的东西。

有反社会倾向的孩子仅仅是看得更远了一点儿。他指望社会而不是自己的家庭或学校来提供这种稳定性，从而顺利通过情感成长中重要的早期阶段。

这么说吧。当一个孩子偷糖时，他是在寻找一位好妈妈，自己的妈妈，因为他有权从她那里得到任何甜蜜的东西。事实上，这份甜蜜本来就是他的，因为她是他创造的，而她的甜蜜则源于他爱的能力和最初的创造力。当然，你也可以说他在寻找爸爸，来保护妈妈免受来自他的原始的爱的攻击。当一个孩子到外面去偷东西时，他仍然是在寻找自己的妈妈。只不过，这种寻求带有更多的挫折感。与此同时，他也越来越需要找到父亲的权威，这种权威可以而且会限制其冲动行为导致的实际后果，也会阻止他在兴奋状态下将心里的念头付诸行动。当遇到大规模青少年犯罪时，我们很难袖手旁观，因为摆在我们面前的是孩子急需找到能保护妈妈的严父。孩子所呼唤的严父不是不可以慈祥，但首先必须严格和坚强。只有当严格而坚强的父亲形象出现时，孩子才能重新获得原始的爱欲冲动、负疚感以及修补关系的意愿。除非他陷入困境，否则，不良少年只会越来越压抑自己的爱，从而越来越抑郁，失去个性，最终根本无法感受到现实，剩下的只有暴力了。

行为不良意味着孩子还残留一线希望。你会发现，当孩子出现反社会行为时，不一定表示他不健康。反社会行为有时无非是一种求救信号，是在呼唤坚强、有爱心和自信的人对其加以控制。不过，大部分不良少年或多或少都是不健康的。说"不健康"，还是比较恰当的，因为，在许多情况下，安全感没能及时进入孩子的早期生活，并融入他们的信念之中。在强有力的管理下，一个有反社会倾向的孩子看起来没有什么问题。可是，一旦给他自由，很快就会感受到来自疯狂的威胁。因此，他会稀里糊涂地冒犯社会，为的是从外部重新建立对自己的管控。

在生命的初始阶段，正常孩子会在家庭的帮助下培养出自控能力。他营造了所谓的"内部环境"，于是，便寻找好的外部环境。有反社会倾向的、不健康的孩子没有机会营造出一个好的"内部环境"，所以，绝对需要外界的管控，才能过得舒服，玩得高兴，工作愉快。在正常儿童和反社会、不健康儿童之间的那些儿童，如果能持续感受到善良人的控制，仍然能够获得稳定的信念。六七岁的孩子比十一二岁的孩子更有可能通过这种方式得到帮助。

战争时期，我们大都经历过这样的事情，即那些丧失了家庭的孩子，比如，撤离的孩子，尤其是那些难以安置的孩子，最终在收容所里得到了姗姗来迟的稳定环境。在战争年代，有反社会倾向的孩子会被视为病人。这些收容所替代了为适应不良的孩子所设置的专门学校，为社会做着预防性工作。他们之所以把不良行为视为疾病，是因为这些孩子都没有被送上少年法庭。收容所无疑是把违法行为作为个体疾病来对待和研究的最佳场所，也是以此获得宝贵经验的不二之处。众所周知，有些工读学校的工作做得也很出色，但是，那里的孩子大都被法庭宣判有罪，这就给研究造成了困难。

这些为适应不良的儿童设置的收容所有时被称为寄宿之家，为将反社会行为看作患儿求救信号的人们提供了发挥作用和学习的机会。战时卫生部下属的每间收容所或每几间收容所都有一个管理委员会。在与我有联系的收容所中，非专业委员会对收容所的具体工作非常关心，非常负责。当然，许多地方法官经过选择也可以进入这样的委员会，这样，就可以近距离接触对尚未被送上少年法庭的孩子的实际管理工作。只是参观一下工读学校和收容所，或只是听人谈论一点儿情况是远远不够的。唯一有益的方式是替那些管理有反社会倾向的孩子的人分担责任，为他们提供支持，哪怕是间接的也成。

在工读学校里，人们可以放心地开展治疗工作。当然，结果会大相径庭。如果失败了，孩子还是会上法庭。一旦成功了，他就能成长为合格的公民。

现在，让我们再回到丧失家庭生活的孩子这个主题上。

除了常常被忽视（在这种情况下，他们会因不法行为被送上少年法庭）之外，还有两种方式等待着他们。一种是为其提供个性化的心理治疗，另一种是为其提供稳固可靠的环境及人性化的关爱，并逐渐放松对其的管制。事实上，没有后者，前者（个性化的心理治疗）是不可能取得成功的。要是有合适的家庭替代环境，连心理治疗也许都没有必要了。不过，这倒是好事，因为心理治疗的资源非常稀缺。即使培养少量的精神分析师，也需要几年时间方能为急需的"病人"提供合格的个性化治疗。

个性化心理治疗的目标是帮助孩子完成自己的情感发展历程，这意味着，形成感受真实的内部世界和外部世界的良好能力，建立完整的人格。完整的情感发展远非如此。继这些原始的东西之后，首度出现了担忧和内疚的情感及补偿的冲动。家庭本身就是三角关系及所有复杂人际关系的摇篮。

此外，即使一切进展顺利，即使孩子能够管理自己，能够应付与成年人和其他孩子的关系，还要面对新的难题，比如，抑郁的妈妈、狂躁的爸爸、冷酷的兄弟和易怒的姐妹。对这些问题考虑越多，就越能理解为什么婴幼儿绝对需要有自己的家庭，如果可能的话，还要有稳定的成长环境。从这个角度考虑，不难明白，对那些丧失了家庭生活的孩子来说，应该趁他们还小、还能多少利用环境的时候，为他们提供稳定的个性化生活。否则，等他们长大一点儿，只能进工读学校或者高墙环绕的监狱了。

这样，我们又回到"拥抱"和"依赖"这些概念上了。与其被迫"拥抱"一个心理不健康、有反社会倾向的儿童或成人，倒不如一开始就好好"拥抱"一个天真的婴儿。

第三十四章　孩子攻击行为的根源

　　读者诸君想必已从散落在本书中各种奇怪的描述中得知，婴幼儿会尖叫，会撕咬，会踢打，还会拽妈妈头发，并有攻击性或破坏性的冲动以及这样或那样令人不快的行为。

　　婴幼儿的护理因一些破坏性行为变得错综复杂，这些行为需要管理，当然也需要理解。如果我能从根本上做一个理论性陈述，可能有助于大家理解每天面对的烦心事。可是，鉴于许多读者只是从事婴幼儿护理工作，并非研究心理学的，如何才能公正地对待这个庞大而困难的课题呢？

　　简而言之，攻击性有两层含义。从某种意义上说，它是对挫折直接或间接的反应。从另一种意义上说，它是个体活力的两个主要来源之一。对这一简单陈述的深入思考引出了许多极其复杂的问题。在此，我只能先就主要内容做一个详细说明。

　　想必大家都同意，我们不能只谈儿童生活中表现出来的攻击性行为。实际上，这个主题的内容很多。无论如何，我们总是在和成长中的孩子打交道，而我们最关心的就是从一种状态向另一种状态的转变过程。

　　有时，攻击性会很明显地表现出来，然后自行消失；有时，则需要有人来正面面对，防止伤害的发生。攻击性冲动通常不会公开表现出来，反而是以某种相反的形式出现。在我看来，好好研究一下攻击性冲动的各种反向表现形式也许是一个不错的主意。

　　首先，我得先做一个总体声明。尽管遗传因素使我们各不相同，但是，我们最好先假定人类从本质上来说都是相似的。我的意思是，人性中的某些特质在所有婴儿、儿童及成人身上都能找到。人类个性的发展都要经历从幼儿早期到独立的成人期这一过程。在这一点上，任何人都不例外，与性别、种族、肤色、信仰或社会背景没有任何关系。人类尽管表现各异，却有一些共同之处。一个婴儿也许很容易表现出攻击性，而另一个婴儿压根儿就没有表现出任何攻击性。然而，他们面临着同样的问题。这两个孩子只是以不同的方式应对着自己的攻击性冲动。

　　如果我们仔细观察并试图找出个体攻击性的起源，我们最先发现的是婴儿运动这一事实。这种运动甚至在婴儿出生之前就已经开始了。胎儿不仅会扭动身体，还会突然活动四肢，让妈妈感到一阵胎动。婴儿身体的某个部分通过运动碰到了某些东西。观察人员可能会称之为"击打"或"踢打"。但是，这种动作还不具有"击打"或"踢打"的性质，因为婴儿（包括胎儿和新生儿）还没有成为一个完整的人，不具备主动击打或踢打的意识。

因此，每个婴儿都有运动倾向，在运动中获得肌肉快感，在移动和碰撞中积累经验。根据这一特征，我们可以通过观察婴儿从简单的运动，到表达生气的运动，再到表示仇恨控制仇恨的状态来描述其成长经历。继续观察，我们发现，偶然的撞击可能变为蓄意的伤害。与此同时，我们还能发现其对又爱又恨的客体的保护。此外，我们还可以追踪个体破坏性想法和冲动变成行为模式的过程。在健康的发展过程中，所有这些都可以表现为有意识和无意识的破坏性想法，而对这些想法的反应会出现在孩子的梦里和游戏里，同样，也表现在对身边值得破坏的东西的攻击中。

可见，婴儿早期的这些击打行为致使他发现了自身以外的世界，从此便开始了与外部世界的联系。因此，后来所谓的攻击性行为起初不过是导致运动、开启探索的简单冲动。攻击性总是以这种方式与自我和非自我的明确界限联系在一起。

希望我已经把这个问题说清楚了。那就是，尽管每个人本质上是不同的，但是，所有人又都是相似的。现在，我们可以谈一谈攻击性的诸多对立表现了。

举例来说。有的孩子比较鲁莽，有的孩子比较胆怯，二者之间形成了鲜明的对比。前者常常公开表达攻击性和敌意，以此获得解脱。后者往往认为攻击性并非源于自身，而是源于其他地方。他很害怕，担心它会从外部世界降临到自己头上。前者很幸运，他最终发现，能够表达出来的敌意是十分有限的，是会消耗掉的，而后者从未达到满意的终点，只能继续生活在恐惧之中。在某些情况下，麻烦还真就在那儿等着他呢！

有些孩子总是希望从其他孩子的攻击性中看到自己压抑的攻击性冲动。这有可能发展成为一种不健康的方式，因为外来的"迫害"总有供不应求的时候，所以，他们不得不依靠幻想加以弥补。因此，我们看到，有的孩子总是盼望着遭到迫害。也许，在面对想象中的攻击时，他会变得咄咄逼人。这已经是一种疾病了，但是，这种模式几乎出现在任何儿童的某个发展阶段中。

在观察另一种对立表现时，我们可以将极易表现出攻击性的孩子和把攻击性压在心底的紧张、克制、严肃的孩子进行对比。后者在抑制所有冲动的同时，自然也就压制了创造力，因为创造力与婴儿期和童年期的免责生活和无忧生活息息相关。然而，在后一种情况下，虽然孩子在内心自由方面失去了一些东西，但是，可以说，随着对他人利益的一些考虑，"自我控制"开始发展，并且，保护世界免受孩子残酷无情的伤害。这是一种重要的收获。在健康状态下，每个孩子都能获得换位思考的能力，都能对外部世界的人和物产生认同感。

过度自控的一个尴尬之处在于，一个连蚊蝇都不忍心伤害的乖孩子可能会时不时地突破攻击性感受和行为的底线，如暴怒或恶行等。这些行为对任何人都没有益处，尤其是对孩子自己。更有甚者，之后他可能根本不记得发生过什么。在此，父母所能做的就是设法挺过这一尴尬时期，并希望随着孩子的成长，能演变出一种更有意义的攻击性表达方式。

有一种比较成熟的攻击性行为替代方式就是做梦。在梦里，孩子通过幻想来体验破坏和杀戮，而梦里的一切都与身体的兴奋程度息息相关。此外，这种梦是一种真实的体验，而不仅仅是一种智力锻炼。能掌控梦的孩子也就能玩各种游戏了，既能自己玩，也能和别的孩子一起玩。假如梦里包含了太多破坏性的内容，或亵渎神灵，或混乱不堪，那么，孩子就会叫着醒来。此时，妈妈的作用就显现出来了。她要帮助孩子从噩梦中醒来，让外部现实再次发挥其安慰作用。这个清醒的过程可能要花掉孩子半小时的时间。对孩子来说，噩梦本身可能是一种不可思议的令人满足的体验。

在此，我必须明确一下普通的梦和白日梦之间的区别。这里讨论的不是那种在清醒时刻把幻想串联起来的白日梦。与白日梦不同的是，做梦的本质是做梦的人真的睡着了，而且能被唤醒。虽然梦的内容可能遗忘了，但是，梦的确做过，这就是它的意义所在（当然，梦也可以渗透到孩子清醒的生活中来。不过，那是另一回事）。

我前面提到过游戏。游戏充分利用了幻想、梦的全部素材乃至深层的潜意识内容。不难看出，儿童对符号的接受在健康发展中起着多么重要的作用。用一样东西"代表"另一样东西，其结果是从赤裸裸的残酷冲突中获得了极大的解脱。

当孩子一边温柔地爱着妈妈，一边又恨不得把她吃掉；当他对爸爸爱恨交加，却又不能把这种情感转移到某个叔叔身上；当他很想去除掉家里新生的宝宝，又不能满意地表达失去玩具的感受，这对他来说十分尴尬。有些孩子就是这样，留给他们的只有痛苦。

然而，孩子通常很早就开始接受符号了。对符号的接受给了他们体验生活的空间。例如，当婴儿很小就开始选择搂抱某个特殊的物品时，这个物品就是他和妈妈两个人的象征。它象征着二者的结合，就像拇指之于吃手指的人一样。而这个象征比孩子后来拥有的一切都要珍贵，不过，它本身也可能会受到攻击。

游戏就是建立在接受符号的基础之上的，本身蕴含着无限的可能性。它使孩子能够体验到丰富的内心世界，而这又构成了不断增长的认同感的基础。这里面既有爱，又有恨。

在一个日渐成熟的孩子身上出现了另一种且非常重要的破坏性替代物，那就是建设性。我曾经试着描述过这种复杂的方式。也就是说，在有利的条件下，建设性的愿望与成长中的孩子接受自己破坏性的一面有关。当建设性的游戏出现并能继续下去时，这标志着儿童的心理非常健康。这样的东西和信任一样，是无法植入的，它似乎是儿童在父母或母职人物提供的环境中对生活全面体验以后慢慢产生的结果。

要想检验攻击性与建设性之间的关系，我们不妨剥夺孩子（或大人）为亲人做事的机会，剥夺其奉献自己的机会或参与满足家庭需求的机会。所谓"奉献"，指的是孩子在模仿他人、追求快乐的过程中，惊喜地发现，这样做的结果不仅能为妈妈带来幸福，还能为家庭的正常运转尽一份力量。如此一来，他如同找到了自己的位置。孩子参与家务的方式很多，如假装护理宝宝、铺床、除尘、做点心，前提是家人对他的所作所为认真对待。如果他的行为遭到耻笑，那么，它就真的变成了纯粹的模仿。此时，孩子会觉得自己既无能又无用，很容易亮出自己攻击性和破坏性的獠牙。

抛开"检验"不谈，这类情况也会在日常生活中出现，因为没有人能够理解，与"接受"或"索取"相比，孩子更需要"给予"或"付出"。

不难看出，健康婴儿的活动特点就是很自然的运动和不经意的碰撞。渐渐地，婴儿会主动采用这些方式，连同尖叫、吐口水、排泄一起，以表达愤怒、仇恨及报复。渐渐地，他们学会了爱恨同在，并愿意接受这一对矛盾。爱恨结合的一个重要例子是伴随着咬东西的冲动出现的，而这一冲动在婴儿五个月大以后便变得有意义了。尽管咬东西的冲动最终并入了吃东西的享受之中，不过，起初让婴儿兴奋得想咬一口的好东西正是妈妈的身体，也正是这种体验催生了咬东西的想法。因此，食物慢慢成为妈妈身体的象征，或者爸爸和其他亲爱的人的身体的象征。

这一切都相当复杂。因此，婴幼儿需要花大量时间来驾驭自己攻击性的想法和兴奋点，才能在控制它们的同时又不失去在恰当时机表达攻击性的能力，不论是在恨的时候，还是在爱的时候。

奥斯卡·王尔德曾经说过："人人都会杀死心爱的东西。"这句话每天都提醒我们，有爱，就有伤害。从婴儿护理当中，可以看到，孩子往往喜欢被他们伤害过的东西。伤害是儿童生活中必不可少的一部分，问题是，孩子如何能找到一种办法，去驾驭这些攻击性力量，并把它们导向生活、爱、游戏以及最终的工作当中？

这还不是全部。还有一个问题：攻击的原点在哪里？我们已经看到，新生儿在发育过程中，最初会出现自然的运动和尖叫。这也许只是为了好玩，并不意味着明显的攻击性，因为此时的婴儿还不是真正意义上的完整的人。可是，我们还想知道，婴儿是如何早早地"摧毁"了这个世界的？理解这一点尤为重要，因为正是婴儿期这些"未消化"的摧毁性残留物才有可能真的摧毁我们深爱着的这个世界。在婴儿的魔法中，眼睛一闭，世界就湮灭了；眼睛一睁，世界就会随着新一轮的需求又重新创造出来了。毒药和爆炸性武器给婴儿带来了一个与魔法世界截然不同的现实。

绝大多数婴儿在早期阶段都得到了良好的照顾，因而在人格上实现了某种程度的整合，这就让毫无意义的破坏性大规模爆发的风险变得微乎其微。最重要的是，我们要认识到父母在家庭生活中对婴儿成熟程度的促进作用。特别是我们可以学会评估妈妈最初在母婴关系方面所发挥的作用，即婴儿和妈妈的关系从纯粹的物理关系转变为二者态度碰撞的关系，或者说，纯粹的物理关系因情感因素的加入变得充实和复杂。

然而，问题在于，对于人类这种与生俱来的力量，这种自我控制下痛苦的破坏性活动背后的力量，我们真的知道它的起源吗？这一切的背后是神奇的毁灭。这对处于发育早期的婴儿来说是正常的，而且，是与魔法般的创造相向而行的。对所有物体的原始或魔法般的破坏均属于这样一个现实，那就是，在婴儿眼里，物体从"我"的一部分变为"非我"的一部分，从主观现象变为客观感知。通常，这种变化是随着婴儿的成长逐渐产生的，是潜移默化的。但是，假如母性供养是有缺陷的，那么，同样的变化就会以婴儿无法预料的方式突然发生。

通过敏锐的方式带着婴儿度过早期发展的重要阶段，妈妈让婴儿有时间去获得各种方法，应对全新认识所带来的震撼。那就是，他认识到，在他的魔法世界之外，还有一个世界。如果能给成熟过程一点儿时间的话，那么，婴儿就会变得极具破坏力，会痛恨，会踢打，会尖叫，而不会让自己的魔法世界摧毁眼前的现实世界。如此看来，所谓的攻击性便成了一种成就。只要我们记住个体情感发展的整个过程，尤其是早期阶段，那么，与魔法般的毁灭相比，攻击性的想法和行为便有了积极的价值，仇恨便成了文明的标志。

在这本书里，我一直试图描述这些微妙的阶段。在这些阶段里，只要有精心的护理，只要有良好的亲子关系，大部分婴儿都能健康成长，都能获得摆脱魔法控制和毁灭的能力，去享受攻击性及其带来的满足，去享受构成童年生活的所有温柔的人际关系和丰富的内心世界。

在喧嚣的世界里，

坚持以匠人心态认认真真打磨每一本书，

坚持为读者提供

有用、有趣、有品位、有价值的阅读。

愿我们在阅读中相知相遇，在阅读中成长蜕变！

好读，只为优质阅读。

妈妈的心灵课

策划出品：好读文化	装帧设计：仙　境
监　　制：姚常伟	内文制作：尚春苓
特约编辑：姜晴川	责任编辑：霍小青

图书在版编目（CIP）数据

妈妈的心灵课 /（英）温尼科特著；张积模，江美
娜译．—天津：天津人民出版社，2022.6
ISBN 978-7-201-18194-3

Ⅰ．①妈… Ⅱ．①温… ②张… ③江… Ⅲ．①儿童心
理学②儿童教育－家庭教育 Ⅳ．① B844.1 ② G782

中国版本图书馆CIP数据核字（2021）第010446号

妈妈的心灵课
MAMA DE XINLING KE

出　　版	天津人民出版社
出 版 人	刘　庆
地　　址	天津市和平区西康路 35 号康岳大厦
邮　　编	300051
邮购电话	（022）23332469
电子信箱	reader@tjrmcbs.com

责任编辑	霍小青
特约编辑	姜晴川
封面设计	仙　境

制版印刷	河北鹏润印刷有限公司
经　　销	新华书店
开　　本	787 毫米 × 1092 毫米　1/32
印　　张	9.25
字　　数	180 千字
版次印次	2022 年 6 月第 1 版　2022 年 6 月第 1 次印刷
定　　价	52.00 元